精密电火花线切割
工艺及应用

张国军 著

科学出版社

北京

内 容 简 介

　　本书利用有限元仿真、恒张力控制、磁场辅助及多工艺参数优化等方法对精密电火花线切割加工过程进行工艺优化,揭示了上述工艺方法对加工效果的提高机制,并对加工效率、形位精度和微观表面完整性的结果进行了详细研究与分析。这不仅能提高读者对精密电火花线切割加工工艺的认知,也能使读者更加清晰地了解多种工艺方法的基本原理,提升工艺研究能力。

　　本书可作为机械工程专业本科生、研究生及相关专业师生的教材或参考用书,也可作为精密电火花线切割加工工艺研究人员及相关工程技术人员的参考用书。

图书在版编目(CIP)数据

精密电火花线切割工艺及应用/张国军著. —北京:科学出版社,2023.3
ISBN 978-7-03-074642-9

Ⅰ.① 精… Ⅱ.① 张… Ⅲ.① 电火花线切割-工艺学 Ⅳ.① TG484

中国国家版本馆 CIP 数据核字(2023)第 013219 号

责任编辑:王　晶/责任校对:高　嵘
责任印制:彭　超/封面设计:苏　波

科学出版社 出版
北京东黄城根北街 16 号
邮政编码:100717
http://www.sciencep.com

武汉精一佳印刷有限公司印刷
科学出版社发行　各地新华书店经销
*
开本:787×1092　1/16
2023 年 3 月第 一 版　　印张:12
2023 年 3 月第一次印刷　　字数:282 000
定价:128.00 元
(如有印装质量问题,我社负责调换)

前　言

随着航空航天、船舶海洋、模具制造、医疗器械、核工业等各个领域的快速发展，人们对一些具有材料强度高、尺寸微小、加工结构复杂等特征的难加工零部件如压气机叶片、螺旋微刀具等的需求越来越高。上述零部件一般使用具有高强度、高硬度、强韧性、耐高温、抗腐蚀性等特点的难加工材料，同时其服役场景往往存在高梯度温差、高频率载荷、各种腐蚀性介质等恶劣工况，必须要求该类零部件具有极高的微观表面完整性，以满足其使用寿命的需求。这些都意味着上述零部件难以进行传统机械加工，从而制约其应用。精密电火花线切割具有宏观力小、加工质量高、加工对象广泛等显著优点。然而，目前国内外的书籍中尚缺乏对精密电火花线切割加工多种加工工艺与应用方面的系统性介绍，故本书重点关注精密电火花线切割加工的不同加工工艺、提高机制及加工效果，实现相关零部件的高效高质量加工。

本书首先从精密电火花线切割加工基本规律及特点入手，系统讲解精密电火花线切割加工蚀除热模型的搭建与验证，并对张力控制技术、磁场辅助技术、多工艺参数优化技术、可持续制造工艺等多种精密电火花线切割加工工艺进行理论与实验研究。第 1 章介绍精密电火花线切割的基础知识；第 2 章讲解精密电火花线切割加工工艺；第 3 章讲解精密电火花分子动力学模型、单脉冲放电材料蚀除热模型、连续脉冲放电材料蚀除热模型，并对上述模型进行实验验证；第 4～6 章分别从电极丝张力控制技术、磁场辅助技术、多工艺参数优化技术对精密电火花线切割加工工艺的提高机制出发，开展相关机理理论分析与实验验证；第 7 章从环境友好型可持续制造方面出发，针对精密电火花线切割加工中存在的能耗、噪声及其他环境问题，开展采用磁场辅助技术、新型微裂纹电极丝技术等工艺方法的可持续制造实验研究，实现加工过程的低能耗、低噪声及环境保护。

本书所使用的研究方法及获得的成果，将为配备各种精密电火花线切割加工工艺的高端电火花线切割加工机床的高效高质量加工提供基础的理论依据、技术支撑和实验数据。书中实验设备大部分采用自主研发的 HK5040 型精密五轴电火花线切割机床。

本书由张国军教授撰写。同时，本书的编写工作还得到课题组黄禹教授、张臻副教授、荣佑民副教授、吴从义讲师、黄浩博士后、张艳明博士、李文元博士、杨伟硕士等老师和同学们的大力支持与帮助，在此一并表示感谢。

本书内容主要基于国家自然科学基金面上项目：精密线切割加工连续脉冲放电过程分子动力学建模及多工艺参数优化（编号：51175207），以及国家自然科学基金青年科学基金项目：航空高温钛合金超声磁场辅助电火花线切割加工的微观表面质量研究（编号：51705171）的部分成果。在此，特别感谢国家自然科学基金委员会的资助，感谢其对本科研工作给予的指导与支持。

由于作者水平有限，书中难免有疏漏之处，恳请广大读者批评指正。

作　者

2022 年 6 月

于华中科技大学先进制造大楼

目　　录

第1章　精密电火花线切割加工基本规律及特点 ··· 1

　1.1　电火花线切割加工应用背景及原理 ·· 2

　　1.1.1　电火花线切割加工应用背景 ··· 2

　　1.1.2　电火花线切割加工放电机理 ··· 2

　　1.1.3　电火花线切割加工分类 ··· 4

　1.2　电火花线切割加工的主要参数 ··· 5

　　1.2.1　放电参数 ··· 5

　　1.2.2　非放电参数 ··· 5

　1.3　电火花线切割加工间隙放电状态 ·· 6

　　1.3.1　间隙放电状态检测与辨识 ·· 6

　　1.3.2　影响放电状态的因素 ·· 7

　1.4　电火花线切割加工的主要工艺指标及其影响因素 ······························· 8

　　1.4.1　加工效率 ··· 8

　　1.4.2　表面质量 ·· 11

　　1.4.3　加工精度 ·· 14

第2章　精密电火花线切割加工工艺 ··· 17

　2.1　分子动力学及蚀除热模型 ·· 18

　　2.1.1　分子动力学建模与仿真 ·· 18

　　2.1.2　基于高斯热源的蚀除热模型 ·· 20

　2.2　电极丝张力控制技术 ·· 22

　　2.2.1　精密电火花线切割电极丝张力分析 ··· 22

　　2.2.2　电极丝恒张力控制系统的搭建 ·· 24

　2.3　磁场辅助技术 ··· 26

　　2.3.1　磁场辅助技术分类及工况参数 ·· 26

　　2.3.2　磁场辅助改善机制 ·· 27

　2.4　工艺参数优化方法 ·· 30

　　2.4.1　单目标工艺优化 ··· 30

　　2.4.2　多目标工艺优化 ··· 31

第 3 章　精密电火花线切割加工蚀除热模型 ···33

3.1　精密电火花分子动力学模型 ··34

　　3.1.1　模型建立 ···34

　　3.1.2　算法实现 ···35

　　3.1.3　仿真加工动态过程分析 ···36

　　3.1.4　仿真加工参数影响研究分析 ···38

3.2　单脉冲放电材料蚀除热模型 ··39

　　3.2.1　热传导模型 ···40

　　3.2.2　模型建立 ···40

　　3.2.3　模型计算 ···43

3.3　连续脉冲放电材料蚀除热模型 ··46

　　3.3.1　热力学模型 ···46

　　3.3.2　模型建立 ···47

　　3.3.3　模型计算 ···48

3.4　实验验证 ···51

　　3.4.1　分子动力学模型实验验证 ···51

　　3.4.2　连续脉冲放电材料蚀除热模型实验验证 ···53

第 4 章　精密电火花线切割张力控制技术 ···57

4.1　电极丝张力对形位误差的影响机制 ··58

4.2　电极丝挠曲变形 ···59

　　4.2.1　影响导轮之间电极丝挠曲变形的因素 ···59

　　4.2.2　导轮之间电极丝挠曲变形建模 ···63

　　4.2.3　电极丝挠曲变形模型验证与分析 ···65

4.3　电极丝振动方程 ···73

　　4.3.1　电极丝三维温度场建模 ···73

　　4.3.2　电极丝三维磁场建模 ···76

　　4.3.3　电极丝振动多物理场耦合模型 ···77

4.4　电极丝恒张力控制系统 ···82

　　4.4.1　电极丝恒张力系统辨识 ···82

　　4.4.2　智能 PID 控制仿真 ··86

　　4.4.3　电极丝恒张力控制系统的形位误差实验 ···91

第 5 章　磁场辅助精密电火花线切割加工技术 ·····································95

5.1　磁场辅助精密电火花线切割连续脉冲放电提高机制 ···································96

　　5.1.1　磁场作用下电极丝振动对连续脉冲放电点分布的影响 ···························96

5.1.2　磁场作用下残渣排出对连续脉冲放电点分布的影响·············98

5.2　磁场辅助电火花线切割加工磁性与非磁性材料的差异···········102
　　5.2.1　蚀除过程差异·····························102
　　5.2.2　微观表面完整性差异·······················104

5.3　磁性材料加工微观表面完整性实验研究··················105
　　5.3.1　工件材料、实验设备及实验设计················105
　　5.3.2　放电状态观测··························108
　　5.3.3　不同加工参数对表面粗糙度及重铸层厚度的影响·······109
　　5.3.4　磁场参数对微观表面形貌的影响·················110

5.4　非磁性材料加工微观表面完整性实验研究·················111
　　5.4.1　工件材料、实验设备及实验设计················111
　　5.4.2　放电状态观测··························114
　　5.4.3　不同放电参数对 SEC 的影响··················115
　　5.4.4　磁场参数对表面粗糙度及微观表面形貌的影响········115

第6章　多工艺参数优化技术·····························117
6.1　非支配排序遗传算法····························118
　　6.1.1　算法简介····························118
　　6.1.2　正交加工实验·························118
　　6.1.3　基于混合核的高斯过程回归模型················121
　　6.1.4　多目标工艺优化研究·····················124
　　6.1.5　实验验证···························131

6.2　非支配邻域免疫算法····························133
　　6.2.1　算法简介····························133
　　6.2.2　算法改进····························134
　　6.2.3　广义回归模型·························135
　　6.2.4　算法优化结果·························137
　　6.2.5　实验验证···························142

6.3　神经网络-狼群混合算法···························143
　　6.3.1　基于领导者策略的狼群算法·················144
　　6.3.2　神经网络····························148
　　6.3.3　神经网络-狼群混合优化算法················150
　　6.3.4　曲面响应加工实验······················150
　　6.3.5　数学模型建立·························154
　　6.3.6　多目标工艺优化·······················157

第 7 章　精密电火花线切割加工的可持续制造工艺 ················ 159

　7.1　环境友好型可持续制造新要求 ····························· 160

　　7.1.1　能耗 ··· 160

　　7.1.2　噪声 ··· 160

　　7.1.3　其他环境问题 ··· 161

　7.2　磁场辅助方法的可持续制造实验研究 ····················· 161

　　7.2.1　工件材料及实验设计 ··································· 161

　　7.2.2　能耗 ··· 164

　　7.2.3　环境影响 ··· 167

　　7.2.4　放电波形与表面完整性 ································· 171

　　7.2.5　多工艺参数优化 ······································· 173

　7.3　新型微裂纹电极丝的可持续制造实验研究 ················· 175

　　7.3.1　微裂纹电极丝的制备 ··································· 176

　　7.3.2　微裂纹电极丝对加工效果的提高机制 ··············· 176

　　7.3.3　工件材料及实验设计 ··································· 177

　　7.3.4　MRR 与能耗 ··· 178

　　7.3.5　残渣污染物 ··· 180

参考文献 ··· 181

第 1 章

精密电火花线切割加工
基本规律及特点

1.1 电火花线切割加工应用背景及原理

1.1.1 电火花线切割加工应用背景

2019 年我国制造业占国内生产总值的比重为 27.2%，制造业增加值连续十年居于世界首位，数据显示我国为世界最大的制造业国家，部分产品的产值在世界上遥遥领先。然而，我国制造业也存在"大而不强"的问题，主要包括产能过剩、产品附加值低、自主创新能力不足、产业结构落后、过度依赖成本优势等。继美国强势回归制造业和德国提出工业 4.0 之后，李克强总理于 2015 年 3 月首次提出"中国制造 2025"作为振兴我国制造业的基本战略（周济，2015）。"质量为先"成为"中国制造 2025"的基本方针之一。如何提高产品质量是制造业完成转型必须解决的问题之一。

同时，随着航空航天、船舶海洋、模具制造、医疗器械、核工业等各个领域的快速发展，一方面各种具有高强度、高硬度、强韧性、耐高温、抗腐蚀性等特点的难加工材料（硬质合金、钛合金、高强度合金钢）被大量地使用到各个领域中，这些难加工材料一般都难以进行传统机械加工，从而制约其应用；另一方面，由于航空航天、微电子机械等领域的一些特殊要求零部件如压气机叶片、螺旋微刀具等，具有尺寸微小、加工结构复杂等特征（Sun and Gong，2017），该类零部件的服役场景往往存在高梯度温差、高频率载荷、各种腐蚀性介质等恶劣工况，易造成由工件表面损伤导致的疲劳破坏，所以必须要求该类零部件具有极高的微观表面完整性，表面粗糙度（surface roughness，SR）0.1～0.8 μm，无重铸层或变形，以满足使用寿命及可靠性的需求。

近几十年来，电火花线切割加工（wire cut electrical discharge machining，WEDM）已成为现代制造业领域重要的加工方式之一（Ho et al.，2004）。电火花线切割加工工艺是一种基于电火花加工（electrical discharge machining，EDM）原理，采用丝线形状的工具电极的先进精密制造加工技术，具有宏观力小、加工质量高、加工对象广泛等显著优点，因此有潜力解决上述问题，实现相关零部件的高效高质量制造。

1.1.2 电火花线切割加工放电机理

如图 1.1 所示，与电火花加工相同，电火花线切割加工放电机理主要分为以下四个过程。

（1）介质击穿与放电通道的形成[图 1.1（a）～（c）]。在工件（正极）与电极丝（负极）之间施加一定的电压（20～100 V），随着两个电极之间间隙电压的升高以及间距的减小，当电场强度增加到特定阈值（10^6～10^8 V/cm）时，大量的自由电子将从电极表面激发出来，当放电间隙（spark gap，SG）内的电子数量及密度达到一定数值时，将会击穿介质形成放电通道，能够使电子以较小阻尼到达工件（正极）。

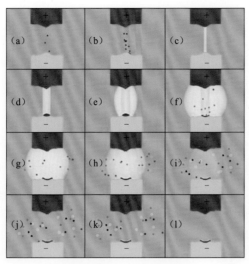

图 1.1　电火花放电过程

（2）工件材料的熔化或气化过程[图 1.1（d）～（f）]。由于外加强电场的作用，电子会以高速轰击工件表面，使电子的动能转化为热能。而后在放电间隙中产生大量的热能，一定体积的工件材料（数量级为 μm^3）通过熔化或气化的方式被蚀除。所以许多研究认为热蚀除是电火花线切割加工中材料蚀除的主要方式（Shahri et al.，2017）。

（3）材料的排出过程[图 1.1（g）～（i）]。放电过程中产生了大量的热能，导致在很短的时间内就会产生热微爆炸，然后大部分气态和液态工件材料会喷入放电间隙中，而一部分工件材料会随着介质冲刷作用排出。

（4）消电离过程[图 1.1（j）～（l）]。在放电脉冲间隔时间内，两个电极之间的电压变成 0 V，而带电的排出材料残渣会再次变成中性粒子。此外，电极之间的介质将恢复绝缘，可以成功地产生下一次放电火花。

电火花线切割加工的物理过程非常剧烈、复杂，且具有高度随机性，同时还伴随着声、光、电磁等现象。其材料蚀除过程也非常复杂，涉及电解加工、火花放电、光子辐射、冲击爆炸、热腐蚀与爆炸等现象。结合上述放电过程分析，电火花线切割的间隙放电状态可通过间隙放电电压波形来表达，间隙脉冲放电电压波形主要分为开路、火花放电、电弧放电、过渡放电、短路五种，如图 1.2 所示。

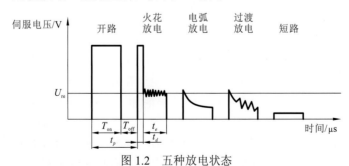

图 1.2　五种放电状态

T_{on} 为脉冲宽度，T_{off} 为脉冲间隔，U_{re} 为参考电压

（1）开路。当电极间隙较大、电介质难以被击穿或回退时，电极间隙中的电介质没有形成放电通道，电极之间处于开路状态；开路状态下电极之间的间隙电压达到最大值，没有脉冲电流；开路为无效放电，会降低工件材料去除率（material removal rate，MRR）。

（2）火花放电。当电极之间经过 t_d 放电击穿形成放电通道之后，存在一个稳定的火花放电过程，火花放电的电极之间的间隙电压和间隙电流为高频振荡波形；在火花放电过程中，工件材料由于放电腐蚀，离开工件表面进入电极间隙；火花放电过程为 MRR 最大的放电状态。

（3）电弧放电。当电极间隙过小且不发生短路、蚀除材料冲刷速度较低或脉冲放电时间较长时，电极间会发生稳定的电弧放电，间隙电压呈平滑的曲线状态；在电弧放电过程中，电极间隙的温度升高，容易使工件表面积碳或烧伤，并熔断电极丝；电弧放电过程中，工件 MRR 很低。

（4）过渡放电。该过程为一个过渡过程，同时存在火花放电和电弧放电，电极之间的间隙电压呈稀疏的锯齿波形。

（5）短路。当电极间隙距离过小或被蚀除材料遗留在电极间隙过多时，电极丝与工件之间发生短路，间隙电压很低，但间隙电流很大；该过程浪费脉冲放电能量，且不发生材料蚀除；若电极之间发生短路，则自动进给系统会发生回退。

1.1.3　电火花线切割加工分类

按照电极丝运行方式和速度的不同，电火花线切割可分为快走丝、中走丝、慢走丝、微细四种，其基本特性如表 1.1 所示。

表 1.1　四种电火花线切割的基本特性

特性	电火花线切割分类			
	快走丝	中走丝	慢走丝	微细
走丝方式	往复	往复	单向	往复
走丝速度/（m/s）	6～12	1～3	<0.2	0.01～0.05
加工速度/（mm²/min）	60～200	100～300	120～500	0.001～0.010
表面粗糙度/μm	2.0～5.0	0.8～3.0	0.2～1.2	0.05～0.10
加工精度/μm	150～200	80～100	10～60	0.1～5.0

一般而言，精度在 0.3～3.0 μm（我国标准为 5.0 μm 以下）、表面粗糙度在 0.3 μm 以下为精密加工（Schäfer et al., 2002）。慢走丝电火花线切割（wire cut electrical discharge machining-low speed，WEDM-LS）能达到这样的加工要求，因而 WEDM-LS 为精密电火花线切割加工装备。另外，主流的中走丝电火花线切割（wire cut electrical discharge machining-middle speed，WEDM-MS）精度为 10 μm，表面粗糙度在 0.8 μm 以下，虽然与 WEDM-LS 有一定的差距，但是随着技术的提升，它与 WEDM-LS 的差距正在缩小。本书将这两类装备统称为精密电火花线切割装备。

1.2 电火花线切割加工的主要参数

电火花线切割加工中的主要参数分为放电参数和非放电参数。放电参数主要包括放电能量参数和间隙电压；非放电参数主要包括电极丝参数、电介质参数和机床参数。

1.2.1 放电参数

电火花线切割的电极之间被施加持续的高频脉冲电压（周期数量级为 μs），其放电参数主要包括以下几个。

（1）脉冲宽度（记为 T_{on}）是指高频脉冲中单个脉冲的持续时间，其数量级为 μs。放电通道的击穿、形成，以及材料的蚀除都主要发生在这个时间段。

（2）脉冲间隔（记为 T_{off}）是指高频脉冲中每个脉冲之间的间隔时间，其数量级为 μs。放电通道的消电离，以及材料的排出、重凝固主要发生在这个时间段。

（3）脉冲电流（记为 I）是指每个脉冲的放电电流，单位为 A。

（4）间隙电压（记为 U）是指工件与电极丝之间的电压，单位为 V。

通常而言，当其他条件相同时，脉冲宽度越大，脉冲间隔越小，脉冲电流越大，间隙电压越大，则放电持续时间越长，放电总能量越大，单个脉冲放电能量为

$$E = U \times I \times T_{on} \tag{1.1}$$

1.2.2 非放电参数

电极丝参数主要包括电极丝材料、电极丝直径、电极丝张力、电极丝丝速。精密电火花线加工中电极丝材料主要为铜丝、镀锌铜丝、钼丝，电极丝直径通常为 0.1～0.3 mm。电极丝材料的熔点、导热性、导电性都会影响放电加工效果，电极丝直径越大，则其抗拉强度及承受电流极限越大。电极丝张力是指机床上、下导轮之间的电极丝张力，单位为 N。该参数会影响电极丝挠曲变形和振动，从而对放电加工产生影响。电极丝丝速是指电极丝沿导轮间的移动速度，单位为 m/s。该参数也会影响电极丝挠曲变形和振动，同时还会影响残渣排除、放电能量分配等。

精密电火花线切割加工中的电介质常用去离子水，其电介质参数主要是指电阻率和冲刷压力，一般电阻率在 5 Ω 左右能够取得较好的加工效果，太高或太低会导致击穿电压太大或太小，影响切割速度（cutting speed，CS）和精度。冲刷压力常常是指在喷入式精密电火花线切割加工中，电介质的喷入压强会影响残渣排出和电极丝振动，从而影响加工效果。

机床参数主要是指机床进给控制、加工路径等。机床进给控制主要是指在伺服控制或自适应控制下，根据加工间隙的工况，不断地自动调整进给速度来保证加工稳定，从而获得较高的加工效率和质量。

1.3　电火花线切割加工间隙放电状态

1.3.1　间隙放电状态检测与辨识

随着制造业的飞速发展，人们对 WEDM 加工精度和质量要求越来越高，因此对电火花线切割加工的控制系统和控制策略提出了更高的要求。其中，电火花线切割加工间隙放电状态直接影响电火花加工质量和工艺效果，因此，有必要研究电火花线切割加工间隙放电状态检测与辨识。电火花线切割加工间隙放电状态主要通过间隙放电电压或电流波形来表达，电火花线切割加工间隙放电状态辨识方法可总结为三类：第一类是基于电压数值变化的传统检测方法；第二类是基于新工具的非典型检测方法；第三类是基于智能算法和数学处理工具的智能检测方法。

1. 传统检测方法

传统检测方法包括门槛电压检测法和间隙平均脉冲宽度电压检测法。这类方法主要是通过检测间隙电压值来辨识放电状态。此外，其中一些检测方法通过考虑放电波形中是否存在高频信号、音频信号等特征来提高识别率。

（1）门槛电压检测法：预先设定门槛电压（阈值电压）V_u（上限电压）和 V_d（下限电压），对比实际测量电压值与阈值电压，当 $V>V_u$ 时为开路状态，当 $V_d<V<V_u$ 时为火花放电状态，当 $V<V_d$ 时为短路状态。这种方法简单易操作，但是放电状态分类很粗糙，无法区分电弧放电、过渡放电与火花放电状态。

（2）间隙平均脉冲宽度电压检测法：用平均值法检测出平均脉冲宽度电压，对脉冲间隔信号不检测。该方法门槛电压参考值设定简单，但无法区分电弧放电与正常放电状态。

2. 非典型检测方法

（1）高频无线电辐射信号检测法：基于不同放电状态下的高频辐射信号有显著差异，利用此加工特性，通过检测 WEDM 加工时的高频辐射信号，对加工放电状态进行监控与优化。

（2）多传感器信息融合技术检测法：可对 WEDM 加工的放电状态进行辨识与分类，明显改善加工状态。

3. 智能检测方法

智能检测方法主要包括模糊逻辑法、神经网络法、击穿延时法、智能算法和数学处理方法[如傅里叶（Fourier）变换、小波变换]。下面主要介绍前 3 种。

（1）模糊逻辑法：将不同极间放电通道击穿延时时刻作为模糊输入识别信号，通过预先设置好的模糊逻辑控制器，采用模糊逻辑推理获得电火花线切割加工的方向和速度。基于模糊逻辑法的检测间隙放电状态的原理图如图 1.3（a）所示。

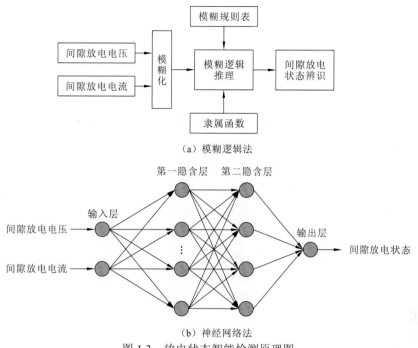

（a）模糊逻辑法

（b）神经网络法

图 1.3　放电状态智能检测原理图

（2）神经网络法：通过示波器采集间隙电压和间隙电流，并作为模糊输入控制器的信号，利用学习向量量化（learning vector quantization，LVQ）神经网络和模糊逻辑来辨识 WEDM 加工的间隙放电状态，检测间隙放电电压和间隙放电电流。神经网络检测模型如图 1.3（b）所示。

模糊逻辑法和神经网络法都属于黑箱处理方法，放电状态辨识精度基于样本数据库的完善程度，具有一定局限性。

（3）击穿延时法：可区分 WEDM 和微细电火花线切割加工（Micro-WEDM）时非正常放电与正常放电，每次单脉冲放电过程中，记录击穿延时时间，并通过自相关函数、傅里叶变换、谱分析对采集结果进行处理，从而分析得出电弧放电、短路放电状态，以及影响间隙放电状态的因素。

因此，多维度、多角度地提取放电波形特征值并结合神经网络训练的混合智能化算法可进一步提升识别准确性和可靠性。

1.3.2　影响放电状态的因素

电火花线切割加工间隙放电过程极其复杂，放电状态受各种参素影响，如脉冲电源参数（脉冲宽度、脉冲间隔、峰值电压、峰值电流等）、伺服进给参数（进给速度、伺服电压等）、电极丝参数（电极丝种类、电极丝速度、电极丝张力等）、冷却液参数（工作液种类、水压等），这些参数会综合作用在电火花线切割过程中，并集中体现在放电间隙的放电状态上。电火花线切割加工间隙放电波形主要分为开路、火花放电、过渡放电、电弧放电和短路。

在精密电火花线切割加工过程中，放电加工参数、非放电加工参数、工件材料、机床特性等都会对放电状态产生影响。

1. 放电加工参数

精密电火花线切割加工中：放电能量参数，如脉冲宽度时间、脉冲间隔时间、放电电流等，会影响脉冲能量，从而决定放电通道的产生、持续、消电离时间；放电电压会影响放电间隙大小，从而决定放电通道尺寸。不适合的放电参数组合会导致放电通道持续时间过长或过短，放电通道尺寸及放电能量过大或过小，进而导致不正常放电状态如电弧放电、短路等的产生；而适合的放电参数组合会有利于更多正常放电状态的产生。

2. 非放电加工参数

非放电参数，如电极丝张力、电极丝丝速、工作液介质流速、进给速度等，会通过影响材料残渣排除、电极丝振动幅度和频率等改变放电间隙的清洁度及连续脉冲放电点分布，从而形成不同的放电状态。

3. 工件材料

不同的工件材料特性，如材料的表面形貌、导电性、导热性、导磁性等，会对电火花线切割连续脉冲的放电状态产生影响。例如，材料的导电性会影响放电通道产生的击穿电压阈值，导热性会影响材料蚀除以及蚀除残渣的尺寸及数量等，材料的表面形貌会影响放电通道产生的位置及放电点的分布，从而改变放电状态。

4. 机床特性

不同的机床特性，如脉冲发生器、机床运动精度、刚度、冷却系统等，会通过影响放电脉冲的稳定性和放电通道的稳定性来影响放电波形。

1.4 电火花线切割加工的主要工艺指标及其影响因素

精密电火花线切割加工的工艺效果可由很多指标表明，通常采用加工效率、表面质量和加工精度来衡量其加工性能。

1.4.1 加工效率

在精密电火花线切割加工中，加工效率可用加工速度表征，电火花线切割加工速度模型如图 1.4 所示。实际加工速度的影响因素主要包括计算机数控（computer numerical control，CNC）系统进给速度、MRR 和蚀除材料冲刷速度。

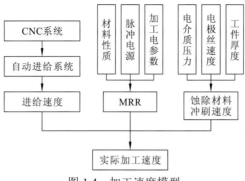

图 1.4　加工速度模型

1. 进给速度

进给速度主要由 CNC 系统根据程序编制或用户参数设置的进给速度，通过控制伺服进给系统，精确控制电极丝向工件运动。

2. MRR

电火花放电加工过程非常复杂，涉及电解加工、火花放电、光子辐射、冲击爆炸、热腐蚀与爆炸等现象，从而导致材料蚀除过程也非常复杂。影响 MRR 的因素主要包括材料性质（晶体结构、导电性、导热系数、比热容、密度等）、脉冲电源（稳定性、鲁棒性、放电波形等）、加工电参数（脉冲电压、脉冲电流、脉冲宽度、脉冲间隔等）。

3. 蚀除材料冲刷速度

蚀除材料冲刷速度主要影响因素包括电介质压力、电极丝速度、工件厚度。工件材料被放电蚀除之后，首先进入电极间隙中，全部或部分被蚀除材料随着电介质的流动进入电极间隙外，残留在电极间隙的被蚀除材料或将引起电极之间发生短路，从而影响下一次放电加工 MRR；电介质压力和电极丝的速度越大，蚀除材料冲刷速度越大；工件厚度越大，单位时间内进入电极间隙的被蚀除材料越多，电介质的流体阻尼也越大，从而蚀除材料冲刷速度越小。

4. 实际加工速度

实际加工速度取决于进给速度、MRR、蚀除材料冲刷速度三者的最小值。当 MRR 大于蚀除材料冲刷速度时（一般发生在较大的放电能量或电极间隙冲刷效应较差的情况下），遗留在电极间隙内被蚀除的残渣较多，放电加工过程中容易发生短路或电弧放电现象，甚至导致工件材料表面烧伤或电极丝熔断；当蚀除材料冲刷速度大于 MRR 时（一般发生在放电能量不大或电极间隙冲刷效应较好的情况下），大部分的被蚀除材料随着电介质流动到电极间隙外部，每个脉冲间隔内能够较好地实现消电离。

MRR 计算如下：

$$MRR = F_r \times H \tag{1.2}$$

$$E = U \times I \times T_{on} \tag{1.3}$$

式中：$F_r = \dfrac{60 \times l}{t}$，$l$ 为切割的长度（mm），t 为加工时间（s）；H 为工件深度；U 为电压；I 为电流；T_{on} 为脉冲宽度。因此，MRR 的单位为 mm^2/min。

下面分析影响 MRR 的主要因素。

（1）加工参数。从图 1.5 中可知，脉冲宽度、脉冲间隔、加工速度比电极丝张力、电极丝速度、水压对 MRR 的主效应影响要更为明显，其中脉冲宽度对 MRR 的主效应影响最大，几乎占据一半的影响；另外，脉冲宽度、脉冲间隔与 MRR 之间存在比较明显的关系，随着脉冲宽度的增大和脉冲间隔的减小，MRR 快速增加。这主要是因为脉冲宽度越大，脉冲间隔越小，则放电时间越长，更多的放电能量被传输到工件表面，从而促进材料蚀除。电极丝张力、电极丝速度、水压主要通过对电极丝振动及残渣排除产生影响，改变放电通道的清洁度，减小短路、电弧放电等不正常放电的比例，从而保证更多的放电能量用于材料蚀除，提高 MRR。

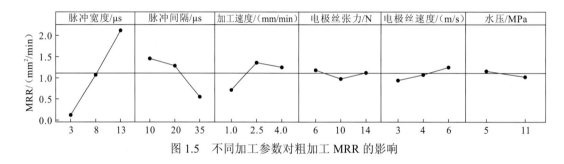

图 1.5　不同加工参数对粗加工 MRR 的影响

（2）工件特性。一方面，工件厚度会通过影响介质冲刷与残渣排除对加工效率产生影响。若工件厚度过薄，则会导致切缝中放电爆炸力的影响更为显著，电极丝振动过大，从而不利于正常放电的产生；若工件厚度过厚，则会导致工件下部难以得到充分有效的介质冲刷，切缝内的材料残渣也难以排除，因此很容易降低加工效率，甚至导致断丝。另一方面，工件材料的导电性、导热性等也会对加工效率产生影响。一般而言，导电性差的工件材料很难获得较高的加工效率，主要是因为导电性差的材料更难形成放电通道，且放电通道也极其不稳定，再加上电极丝振动更为剧烈，从而降低加工效率。

（3）工作介质。工作介质的介电常数、洗涤性等都会影响加工效率，尤其是喷液式精密电火花线切割加工。在精密电火花线切割加工中，常用去离子水作为电介质，电阻率一般为 $5 \times 10^4 \sim 15 \times 10^4 \ \Omega \cdot cm$。工作介质的电阻率过低或过高，切割速度和加工质量都会受到影响。

1.4.2　表面质量

精密电火花线切割加工零件产生的表面几何形状以及加工后的实际表面形貌与理论表面形貌一定会存在一些偏差，这些几何形状偏差一般分为形状误差、表面波纹和表面粗糙度三类。形状误差主要由机床本身的几何精度、工件夹持精度、工件材料自身特性等因素所导致；表面波纹主要由在加工过程中产生的机床振动、刀具（电极丝）颤振、装夹工件挠曲所导致；而表面粗糙度完全是由采用的加工方法所决定的，是加工介质在工件材料表面产生的微观几何特征。因此，表面粗糙度，即中心线平均粗糙度（center line average roughness，用 Ra 表示该量）是反映电火花线切割加工方式的表面质量指标之一。

电火花线切割加工方式由其特殊性，会在加工零件表面产生重铸层（白层）和裂纹。零件表面光洁度的完整性，取决于电火花工艺中形成的热蚀层，如图 1.6 所示，它由两个金属蚀变区组成，即重铸层和热影响区。在电火花放电加工时，两个电极之间会形成温度高达 20 000 K 的离子通道，瞬间释放出的热能高达 1 017 W/m^2，可直接熔化甚至气化工件材料。这些熔融的工件材料，部分会被放电产生的爆炸力直接抛出，但是由于工作液不断冲刷两电极和放电间隙，部分没来得及被抛出的熔融状态的工件材料会被迅速冷却重铸，而附着在加工工件表面，与冷却的熔池一起，最终形成重铸层。热影响层介于重铸层与基体材料之间。热影响层的金属材料并没有熔化，只是受到高温的影响，材料的金相组织发生了变化，它与基体材料之间并没有明显的界限。脉冲放电越宽，热影响区向内延伸得越多，从而热影响层也越厚。

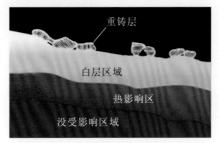

图 1.6　金属蚀变区域图

表面裂纹是由于电火花加工零件表面受到放电瞬时高温和工作液瞬时冷却作用而产生拉应力（热应力），当此拉应力大于材料的极限拉应力时，往往会在材料表面出现显微裂纹（Lee and Tai，2003）。实验表明，一般裂纹仅在重铸层（白层）内出现，只有在脉冲能量很大的情况下（粗加工时或脉冲宽度、电流较大时）才有可能延伸到热影响层。重铸层厚度（recast layer thickness，RLT）和裂纹密度均可作为描述加工材料表面质量的评价参数。

1. 表面粗糙度

图 1.7 用 3D 响应曲面图说明了表面粗糙度与输入加工参数的交互关系。在图 1.7（a）

中，随着脉冲电流减小，表面粗糙度也随之线性减小，意味着表面质量变好；随着脉冲宽度增大，表面粗糙度先逐渐增大，到达峰值之后略有减小，最后趋于稳定。这主要是因为较大的脉冲电流会产生较强的瞬间放电能量，形成相应的电磁场，这虽然提高了MRR，但也过度破坏了样件的表面完整性，从而降低了表面质量。在图1.7（b）中，随着脉冲宽度和水压的逐渐增大，表面粗糙度先慢慢减小，然后又迅速增大，这意味着在脉冲宽度和水压取中间值的时候，存在最佳表面粗糙度值。这主要是因为较小的放电脉冲宽度会导致在两电极之间不能聚集足够多的热能去熔化或气化蚀除工件材料，不仅会降低MRR，而且会导致加工表面质量变差。相反，过长的放电脉冲宽度会蚀除过多的材料，虽然提高了MRR，但同时也破坏了表面质量。水压也在电火花线切割加工中产生重要作用，因为合适的水压不仅可冷却过热的金属材料，而且也可冲刷带走加工残渣，防止加工残渣阻塞电极之间的空隙。但是，过高的水压会产生过强的冲击，导致电极丝不规则振动，影响线切割加工精度和加工效率。

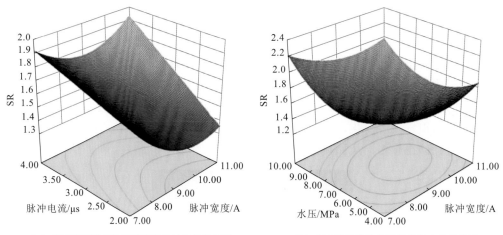

（a）表面粗糙度与脉冲宽度和脉冲电流的关系　　（b）表面粗糙度与脉冲宽度和水压的关系

图1.7　表面粗糙度与加工参数的交互关系

2. 表面重铸层厚度

图1.8用3D响应曲面图说明了表面白层厚度（white layer thickness，WLT）与输入加工参数的交互关系。如图1.8（a）所示：当脉冲电流较小时，随着脉冲宽度减小，白层厚度急剧减小；当脉冲宽度较大，脉冲电流也较大时，白层厚度可达到最小值，即最佳表面质量。另外，如图1.8（b）所示，当脉冲电流增大时，白层厚度随着水压的增大而急剧增大。这个现象主要是因为增大的脉冲电流和脉冲宽度会不断提高两电极之间的电能和热能，从而提高材料熔化和气化的比率。过高的热能不仅作用在电极丝和工件电极上，也作用在电解液上，从而使电解液失去冷却和冲刷加工杂质的能力。加工残渣会附着在工件电极表面，影响加工效果，此时，如果增大水压，那么就会急速冷却（重铸）这些未被冲刷走的残渣和未完全熔化的工件材料，从而形成过厚白层（重铸层）。因此，白层的厚度也与这些未被冲刷走的残渣和未完全熔化材料的体积有关。

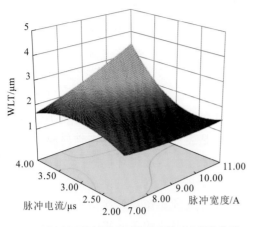

（a）表面白层厚度与脉冲宽度和脉冲电流的关系

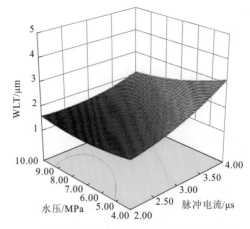

（b）表面白层厚度与水压和脉冲电流的关系

图 1.8　表面白层厚度与加工参数的交互关系

3. 表面裂纹密度

如图 1.9（a）所示，随着脉冲电流和脉冲宽度的增大，表面裂纹密度（surface crack density，SCD）逐步增大；而图 1.9（b）与 1.9（a）相似，随着脉冲宽度和加工速度的增大，表面裂纹密度也会显著增大。这是因为大电流、长脉冲宽度会产生过强的极间热能，而高加工速度会在工件材料表面形成放电凹坑、褶皱、残渣、塑性变形和残余应力。工件材料表面受到放电瞬时高温和工作液瞬时冷却作用而产生拉应力，当此拉应力大于材料的极限拉应力时，就会在材料表面出现显微裂纹。特别是强脉冲放电能量对表面裂纹的影响非常显著，强放电能量会导致在白层中的裂纹变深变宽变长，甚至扩散到热影响区中。

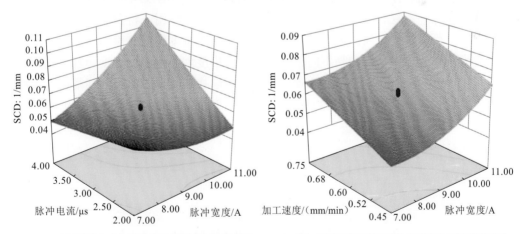

（a）表面裂纹密度与脉冲宽度和脉冲电流的关系　　　　（b）表面裂纹密度与脉冲宽度和加工速度的关系

图 1.9　表面裂纹密度与加工参数的交互关系

不同工件材料对裂纹的敏感性也不同，硬质合金属于脆性材料，容易产生表面显微裂纹。在含铬、钨、钼、钒等合金元素的冷轧模具钢、热轧模具钢、高速钢、耐热钢中较易产生加工表面裂纹，而在低碳钢、低合金钢中不易产生。工件预先的热处理状态对裂纹产生的影响也很明显，加工淬火材料要比加工淬火后回火或退火的材料更容易产生裂纹，因为淬火材料脆硬，原始内应力也较大。

1.4.3　加工精度

精密电火花线切割加工精度主要包括尺寸精度、平面直度、角部精度等。拐角误差、切缝宽度、锥度切割误差三种典型的工件形位误差是表征加工精度的指标，而影响加工精度的因素有很多，包括加工参数、工件特性、机床精度、加工环境等。

电火花线切割加工在实际拐角切割过程中，由于多个因素，工件在拐角处往往会形成"塌角"，该"塌角"最大可以达到 200 μm，如此大的拐角误差在精密电火花线切割加工中是难以接受的，一般认为电极丝挠曲变形是拐角误差的主要成因，入切位置的误差是电极丝挠曲变形偏移量，拐角误差示意图如图 1.10 所示。

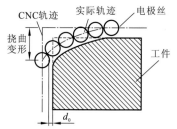

图 1.10　拐角误差形成过程示意图

d_0 为电极丝放电间距

电火花线切割加工中实际切缝宽度比电极丝直径更大，设置切缝宽度的一半作为偏移量可进一步提高工件的形位精度。工件切缝宽度主要包括电极丝直径、放电击穿距离、电极丝横向振幅、重复放电距离。电极丝在高频脉冲放电作用下将发生较为明显的横向和纵向振动，而电极丝横向振动是导致拐角误差和切缝宽度的主要原因之一。

锥度切割误差主要是指切割不同锥度工件时的锥度大小误差，锥度切割误差的主要成因包括 CNC 插补误差、支撑点位置偏移、电极丝挠曲变形等，锥度切割误差示意图如图 1.11 所示，其中 α 为上导向器的偏转角度，β 为下导向器的偏转角度，H 为工件厚度。

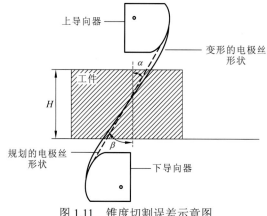

图 1.11　锥度切割误差示意图

下面主要分析影响拐角误差的因素。

1. 加工参数

电介质压力、脉冲宽度、脉冲间隔、脉冲电压、进给速度、电极丝张力、电极丝速度等参数对加工精度都有影响，各个参数对于切割误差的影响规律基本一致，具体表现如下。

（1）拐角误差随着脉冲宽度、脉冲电压、进给速度的增大而增大，随着脉冲间隔、电极丝张力的增大而减小。

（2）电介质压力、电极丝速度对拐角误差的影响较弱。导致这个现象的主要原因包括：脉冲宽度、脉冲电压的增大和脉冲间隔的减小，都会使单位时间内的脉冲放电能量增大，使脉冲放电力增大，从而增大电极丝的挠曲变形；进给速度过大，则容易使放电过程中的短路现象增多，导致尖端放电现象增强，电极丝张力增大，电极丝的挠曲变形减小。

2. 机床运动控制

在精密电火花线切割加工中，机床常采用半闭环或全闭环的控制方法。控制系统具有以下三个特点。

（1）较大的进给速度调节范围。为了适应工件材料性质、厚度的不同，粗加工、半精加工、精加工的不同，主要加工指标（加工速度、加工精度）的不同，进给速度应具有较大的速度调节范围。

（2）较高的灵敏度和实时性。电火花线切割加工属于高频的放电加工，电极之间的加工间隙也处于瞬间变化的状态，控制系统能够在较短的时间内测量得到电极之间的伺服电压，并反馈给比较环节；此外，进给系统的调节精度、传动放大倍数也有较高的要求，如丝杆的螺距、反向传动间隙、惯性等。

（3）较强的抗干扰能力。在电火花线切割加工过程中，存在电介质冲刷、脉冲电压放电波形、电极间隙的被蚀除残渣等干扰，控制系统具有较好的抗干扰能力。配置上述控制系统的闭环控制电火花线切割机床，进给速度与 MRR 相匹配，电极间隙能够维持稳定的火花放电，使 MRR 和形位精度同时达到最大值。

3. 环境条件

环境条件如温度、工作台振动等都会影响机床运动，从而导致加工误差。

第 2 章

精密电火花线切割加工工艺

2.1 分子动力学及蚀除热模型

2.1.1 分子动力学建模与仿真

分子动力学成为近年来在材料加工领域研究最多、应用范围广泛的一种研究手段，因而在电加工的计算机仿真建模中也得到了重视。它基于分子尺度对材料加工进行动态仿真，不仅能动态展示材料的蚀除过程，同时还能对相关工艺参数的加工效果进行评价。它能从微观、动态的仿真角度深入地揭示电加工工艺规律，同时还能对有限元模型中放电通道冲刷效率的选取进行必要的指导。在研究经典多粒子体系问题中，分子动力学方法最为常见，它是确定性的模拟方法。分子动力学计算并确定其形位的转变表征了体系内部的运动规律遵循内禀动力学。该方法需建立运动方程，它是以一个个分子为对象，通过数值求解的方法得到系统中的这些分子运动方程所对应的具体物理量（分子的位置、速度、加速度、动量）。

分子动力学有两个基本假设（Allen and Tildesley，1987）：

（1）经典牛顿（Newton）运动定律可应用于仿真模型中所有粒子的运动中；

（2）叠加原理适用于粒子间的相互作用。

量子效应和多体效应没有考虑，这与真实的原子有一定的差别，事实上，仿真模型中的原子属于宏观粒子范畴，粒子间的作用通过势函数来体现。因此，简化后的模型可视为广义牛顿运动方程的数值积分。

假定仿真模型中含有 n 个粒子，通过牛顿运程方程形式可以描述其力学行为：

$$F_i = m_i r_i^{(2)} \tag{2.1}$$

$$F_i = -\nabla U(r_1, r_2, \cdots, r_n) \tag{2.2}$$

式中：F_i 为第 i $(i=1,2,\cdots,n)$ 个粒子所受合力（N）；m_i 为第 i 个粒子质量；r_i 为第 i 个粒子的位置坐标；$r_i^{(2)}$ 为第 i 个粒子位置坐标对时间的二阶导数；U 为势能函数。

1. 运动方程的积分方法求解

求解运动方程的最终目标是要获取各个粒子的速度和位置，这就需要对式（2.1）进行时间积分。由于蛙跳（leap-frog）算法平衡了计算精度与计算时间，本书采用 leap-frog 算法。

leap-frog 算法由韦尔莱（Verlet）算法演化而来，它分两步进行积分。

第一步：

$$V\left(t + \frac{\Delta t}{2}\right) = V\left(t - \frac{\Delta t}{2}\right) + F(t)\frac{\Delta t}{m} \tag{2.3}$$

$$r(t + \Delta t) = r(t) + V\left(t + \frac{\Delta t}{2}\right)\Delta t \tag{2.4}$$

式中：V 为速度；F 为力；Δt 为时间步；r 为坐标。

第二步：

$$V(t) = V\left(t - \frac{\Delta t}{2}\right) + F(t)\frac{\Delta t}{2m} \qquad (2.5)$$

上式中速度、位置、力都为矢量。

2. 势能的选取

分子动力学中的势能主要包括伦纳德-琼斯势（Lennard-Jones potential，简称 LJ 势）作用势（张妍宁，2008）、莫尔斯（Morse）作用势（袁屹杰，2006）等。本书用 Minish 嵌入原子势方法（embedded atom method，EAM）分别计算铜原子和钨原子之间的相互作用。在有效介质理论及准原子近似的基础上，根据密度泛函理论，EAM 可表示为（张邦维 等，2003）

$$E_{\text{tot}} = \sum_i F_i(\rho_{h,i}) + \frac{1}{2}\sum_{\substack{i,j \\ i \neq j}} \phi_{ij}(r_{ij}) \qquad (2.6)$$

式中：F_i 为嵌入第 i 个原子的嵌入能；$\rho_{h,i}$ 为 r_i 处不存在原子 i 时基体的电子密度；r_{ij} 为原子 i 与 j 之间的距离；$\phi_{ij}(r_{ij})$ 为短程两体势函数。进一步，又对基体电子密度 $\rho_{h,i}$ 作了两条基本假定：一是基体电子密度是其组员原子电子密度的线性组合，即

$$\rho_{h,i} = \sum_{j(\neq i)} f_j(r_{ij}) \qquad (2.7)$$

式中：$\rho_{h,i}$ 为 j 原子的电子密度。二是原子电子密度是其 s 轨道和 d 轨道的电子密度的球形平均。

3. 系统温控方法

不适当的调温方法很容易得出错误的结果，甚至使模拟系统崩溃。本书采用诺泽-胡佛（Nose-Hoover）热浴法进行系统的调温。它是通过改变模拟体系的哈密顿量（Hamiltonian）来实现控温的，体现出了更强的物理意义。系统中恒温源的实现方法是一个假想的项被加入哈密顿量中，具体做法如下：

$$H = \sum_i \frac{m_i v_i^2}{2} + V(r) + \frac{Q\varsigma^2}{2} - gK_{\text{B}}T\ln S \qquad (2.8)$$

式中：H 为哈密顿量；V 为势能；Q 为可调参量，表征着假想项的质量；g 为体系的自由度；ς 和 S 为假想项的动量和坐标；K_{B} 为玻尔兹曼（Boltzmann）常量；T 为温度。

这样体系的微分方程就变为

$$\begin{cases} v_i = \dfrac{\mathrm{d}r_i}{\mathrm{d}r} \\[2mm] a_i = -\dfrac{\dfrac{\mathrm{d}V}{\mathrm{d}r} + m_i v_i \varsigma}{m_i} \\[2mm] \dfrac{\mathrm{d}\varsigma}{\mathrm{d}t} = \dfrac{2\sum\limits_i m_i v_i - gK_{\text{B}}T}{Q} \end{cases} \qquad (2.9)$$

这种控温方法是基于统计力学提出来的，当系统与恒温源进行热交换时，粒子在系统中出现的概率服从统计力学规律，它是一种真实的物理效应。

4. 并行计算

分子动力学计算量大，尤其是在模拟大尺度模型时，因此需要并行计算来解决这个问题。本书采用消息传递的并行编程模型和空间分配的方法。

如图 2.1 所示，粗线所包围的区域为某个节点被分配到的子区域，其内部阴影区域中的原子与相邻子区域中的原子相互作用。包围这个子区域的阴影区域为相邻子区域中的一部分，在计算本区域原子的相互作用时，这部分的原子的作用需要计算，因而需要从此相邻的节点获得这些原子的相关物理信息。

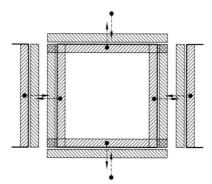

图 2.1　空间分配（二维）相邻节点相互作用示意图

2.1.2　基于高斯热源的蚀除热模型

精密电火花线切割加工过程中，材料的蚀除是热、电、磁等共同作用的结果，但是大部分金属材料的蚀除是通过受热熔化、气化而离开基体材料的。基于有限元仿真是电加工计算机仿真建模领域研究最多且比较成熟的一种研究手段，它能直接仿真 EDM 或 WEDM 的材料蚀除，无须进行尺度的变换，因而能从宏观、静态的仿真角度深入地揭示电加工工艺规律。

1. 物理过程建模

相关研究证实，在一定条件下，放电通道的高温高压等离子体可视为高温的导电气体。在实际加工中，它由于受到各种电场、磁场的影响而呈现一定的随机性，但是一般在概率平均意义下可认为是等截面的柱体。电火花线切割加工单脉冲放电热物理模型如图 2.2 所示。热物理过程模型使用了高斯（Gauss）分布的面热源模型，其放电通道半径大小随放电能量大小和时间的变化而变化。除需要考虑材料熔化、气化的相变处理外，还需考虑放电能量分配比例与放电能量大小之间的关系以及放电通道冲刷效率这两个重要因素。

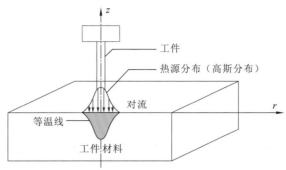

图 2.2　电火花线切割加工单脉冲放电热物理模型

2. 数学描述方程

整个加工的热传导过程由于热量的不断输入，是一个动态的过程，因而加工材料的熔化、气化的边界是不断改变的，从而其温度场是一个不断变化的瞬态温度场。为简化模型计算，时变强度、时变半径的高斯热源作用在半无限大的阴极、阳极上，其热传导方程为

$$\frac{1}{r}\frac{\partial}{\partial r}\left(K_t r\frac{\partial T}{\partial r}\right)+\frac{\partial}{\partial z}\frac{\partial T}{\partial z}=\rho c_p\frac{\partial T}{\partial t} \tag{2.10}$$

式中：r、z 为点的圆柱坐标位置（m）；K_t 为导热系数[W/（m·K）]；T 为温度（K）；ρ 为材料密度（kg/m³）；c_p 为工件材料在固态状态下的质量定压热容[J/（kg·K）]；t 为时间（s）。

3. 有限单元方法

由于电加工中传热过程复杂，其模型很难用经典的热传导理论精确计算出来，解决该问题的一个有效方法便是数值计算方法。对于电加工的热物理过程模型，式（2.10）可转换为有限元法（finite element method，FEM）描述，其微分形式为

$$\rho c_p\frac{\partial T}{\partial t}+\{L\}^{\mathrm{T}}\{Q_w\}=0 \tag{2.11}$$

式中：ρ 为密度；c_p 为质量定压热容；T 为温度；t 为时间，其单位与式（2.10）一致；$\{L\}$ 为向量运算符；$\{Q_w\}$ 为热通量向量。

$$\{L\}=\left\{\begin{array}{c}\dfrac{\partial}{\partial r}\\[2mm]\dfrac{1}{r}\dfrac{\partial}{\partial\theta}\\[2mm]\dfrac{\partial}{\partial z}\end{array}\right\} \tag{2.12}$$

$$\{Q_w\} = \begin{Bmatrix} Q_r \\ Q_\theta \\ Q_z \end{Bmatrix} \qquad (2.13)$$

该问题是轴对称的，且其几何形状可简化到一个二维域，因而其向量运算符和热通量向量可简化成二维形式：

$$\{L\} = \begin{Bmatrix} \dfrac{\partial}{\partial r} \\ \dfrac{\partial}{\partial z} \end{Bmatrix} \qquad (2.14)$$

$$\{Q_w\} = \begin{Bmatrix} Q_r \\ Q_z \end{Bmatrix} \qquad (2.15)$$

变量 T 允许在空间和时间同时变化，其依赖关系为

$$T = \{N\}^{\mathrm{T}} \{T_e\} \qquad (2.16)$$

式中：$\{N\}$ 为单元形状函数向量；$\{T_e\}$ 为元素的节点温度向量。

进一步，时间导数可写为

$$\frac{\partial T}{\partial t} = T' = \{N\}^{\mathrm{T}} \{T_e'\} \qquad (2.17)$$

通过推导、化简，给出式（2.10）的有限元法描述（Kansal et al.，2008）：

$$[c_{pe}]\{T_e'\} + \{K_e^d\}\{T_e\} = [Q_e] + \{Q_e^c\} \qquad (2.18)$$

式中：$[c_{pe}]$ 为单元质量定压热容矩阵；$\{K_e^d\}$ 为单元对流表面热流向量；$[Q_e]$ 为单元热扩算传导矩阵；$\{Q_e^c\}$ 为单元热通量向量。由于模型从三维简化到二维，减少了计算规模，其数值解法可借助 ANSYS 工具进行常规求解。

2.2 电极丝张力控制技术

导致电火花线切割工件形位误差的两个重要因素（电极丝挠曲变形和振动）均与电极丝的张力有紧密的关系，并且适当提高电极丝张力及建立恒定张力控制系统有利于稳定电极丝的运动轨迹和降低工件形位误差。

2.2.1 精密电火花线切割电极丝张力分析

精密电火花线切割走丝系统的原理图和实物图如图 2.3 所示，其主要结构包括丝筒、若干导轮、张力轮、断丝保护。该走丝系统的电极丝受到末端电机牵引力的作用，先从丝筒放卷出来，然后穿过若干导轮，再经过张力轮，最后从校正导轮边缘垂直进入加工区域。

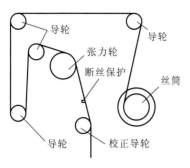

（a）原理图　　　　　　　　　　　（b）实物图

图 2.3　精密电火花线切割走丝线切割走丝系统

1. 导致电极丝张力波动因素分析

1）走丝系统的电极丝长度变化

在精密电火花线切割的走丝系统中，电极丝以紧密均匀、多层叠加的方式缠绕在丝筒上，丝筒在电极丝张力的牵引下进行放丝。随着丝筒放丝的进行，电极丝的长度会发生变化，具体表现如下。

（1）同一层的电极丝在丝筒上的轴向分布不同，电极丝与第一个导轮的距离产生偏差。

（2）同一轴向位置的电极丝在丝筒上的排列层数不同，电极丝与第一个导轮的距离产生偏差。

因此，整个丝筒放丝过程中，电极丝的长度会发生周期性变化。

2）导轮的摩擦力及惯性

在整个精密电火花线切割的走丝系统中，电极丝穿过若干个导轮，由于导轮的惯性和导轮轴的摩擦力惯性，电极丝的张力减小；此外，由于电极丝的行走速度较低，导轮可能会发生低速爬行或旋转滞后的现象，使电极丝承受的摩擦力发生变化。

3）电极丝振动

电极间隙内的电极丝在放电加工过程中容易受到外力（脉冲放电力、电磁力、温度应力、流体冲刷力等）的影响，从而在电极丝垂直平面发生高频振动；该电极丝高频振动会像水面上的波纹一样在整个走丝系统上传导、减弱，从而使导轮也发生一定幅度的振动，导致电极丝的张力在走丝系统中也处于瞬间变化的状态。

2. 传统电极丝张力控制

传统精密电火花走丝线切割的电极丝张力控制系统在走丝系统中增加张力轮，一般为磁粉制动器，根据电磁感应和磁粉传递扭矩原理，给磁粉制动器提供一定的电流，使磁粉制动器产生相应的制动扭矩；将电极丝缠绕在磁粉制动器上，依靠摩擦力带动磁粉制动器转动，从而电极丝得到一定的张力。

磁粉制动器作为电极丝张力控制的执行元件有许多优点，主要包括：①响应速度快；②其自身扭矩精度高，供电电流与扭矩线性度好。该方式的电极丝张力控制系统能在一定程度上控制电极丝张力，但也具有自身的缺点，主要体现：①开环控制方式抵抗外界干扰能力差，对不同参数放电加工产生不同电极丝振动的适用能力差；②电极丝的速度较低，且依靠摩擦力带动磁粉制动器转动，电极丝与磁粉制动器容易发生相对滑动，一旦出现相对滑动，开环控制系统需要较长时间解决电极丝张力波动的问题。

2.2.2 电极丝恒张力控制系统的搭建

1. 电极丝恒张力控制系统的控制原理及要求

1）恒张力控制原理

恒张力控制系统原理图如图 2.4 所示，其主要结构包括设定张力、控制系统、数模（digital-analog，D/A）转换、执行元件、张力传感器、模数（analog-digital，A/D）转换、张力输出。首先设置控制系统张力的参考值，控制系统经过数字量计算输出控制信号；然后通过 D/A 转换，输出模拟量信号（电流或电压）控制执行单元（磁粉制动器和直流电机速度）进行相应的动作，则电极丝上获取与设定值接近的张力；再通过张力传感器测量电极丝的张力，实时输出相应的模拟量信号（电流和电压）；最后经过 A/D 转换成数字量信号，将该数字量信号与张力设定值进行比较，比较信号又输入控制系统，从而形成闭环的恒张力控制系统。

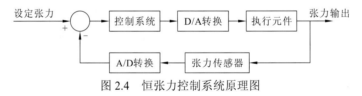

图 2.4　恒张力控制系统原理图

控制系统的调节过程如下。

（1）当张力测量值小于张力设定值，控制系统控制执行元件输出更大的张力；

（2）当张力测量值大于张力设定值，控制系统控制执行元件输出更小的张力；

（3）当电极丝受到外界干扰（如阶跃信号、电极丝振动等），电极丝的张力发生较大波动时，张力传感器能实时测量电极丝张力波动信号输入控制系统，控制系统将进行相应的调节措施，如比例积分控制器（proportional plus integral controller，PI controller）调节、比例积分微分控制器（proportional plus integral derivative controller，PID controller）调节或智能 PID 调节，并使电极丝张力稳定在设定值。

2）恒张力控制要求

电极丝的张力与电极丝的运动状态存在紧密的联系，一旦电极丝的张力变小或发生波动，则电极丝会产生更大的挠曲变形和振动，严重降低工件的形位精度。为了精确控制电极丝的张力，恒张力控制系统需满足条件：①控制精度，稳定状态下电极丝的张力波动幅度小于设定值的 10%；②响应速度，以阶跃信号响应为例，应当在 2～3 s 内调节到稳定状态；③抗干扰能力强，一旦走丝丝筒受到外界干扰，能够较快地调节到稳定状态；④能够克服电极丝长度变化引起的张力变化。

2. 精密电火花线切割恒张力控制系统

1）精密电火花线切割恒张力控制系统原理

精密电火花线切割恒张力控制系统原理图如图 2.5 所示，其主要组成部分包括计算机、ADAM4022T 控制卡、张力传感器、执行机构（磁粉制动器、直流电机）。以下介绍采用磁粉制动器和直流电机作为执行单元来控制电极丝张力和速度的原理。

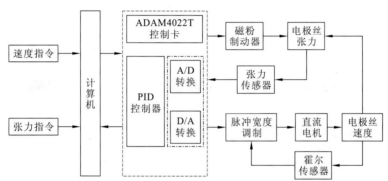

图 2.5　精密电火花线切割恒张力控制系统原理图

首先在计算机的软件界面上设置张力指令作为参考值，计算机将该指令转换为数字信号传递给 ADAM4022T 控制卡；然后通过 D/A 转换输出 0～0.38 A 电流模拟量信号给磁粉制动器，磁粉制动器产生相应的转矩，从而电极丝上获取与设定值接近的张力；最后，张力传感器测量电极丝的张力作为反馈信号，向 ADAM4022T 控制卡实时输出相应的 0～10 V 电压模拟量信号，经过 A/D 转换，反馈数字量信号与张力设定值进行比较，比较信号又输入控制系统，从而形成闭环的恒张力控制系统。

2）精密电火花线切割恒张力控制系统结构设计

根据精密电火花线切割恒张力控制系统原理及要求设计的恒张力控制系统结构如图 2.6 所示。在原有的基础上主要有三个方面的改进：①在走丝系统的第一个和第二个导轮上增加一个弹簧结构，依靠弹簧的伸缩来克服由于电极丝在丝筒上的排布位置（层数和丝筒轴向位置）不同而引起的长度变化；②磁粉制动器上粘贴一层塑料，增加电极丝与磁粉制动器的摩擦系数，防止电极丝与磁粉制动器之间产生滑动；③在校正导轮的下方增加张力传感器，实时测量电极丝的张力作为反馈信号。

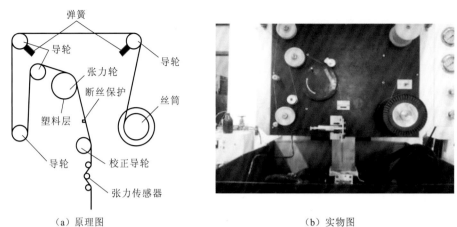

（a）原理图　　　　　　　　　　　　（b）实物图

图 2.6　精密电火花线切割恒张力控制系统结构图

2.3　磁场辅助技术

2.3.1　磁场辅助技术分类及工况参数

精密电火花线切割加工有很突出的优势，即适合加工难加工材料、表面质量高材料、复杂型面材料；但同时也存在自身的加工劣势，主要体现在加工速度慢、加工精度受限制，这些归结于加工时蚀除产物排出困难、残渣易堆积。特别是在加工难加工材料时，该劣势被进一步放大。近年来，将电火花线切割加工与其他加工技术复合的方式取得了较大进展。目前有学者引入磁场辅助方式进行电火花线切割复合加工，磁场可通过洛伦兹（Lorentz）力抛出液态金属并改变放电离子通过能量，从而提升电火花加工速度，并改善加工表面质量，磁场辅助电火花线切割复合加工已成为特种加工的一个重要方向。

1. 磁场辅助装置分类

1）静磁场

静磁场是指磁场方向和大小不发生改变的磁场。静磁场根据磁场方向可分为单向匀强磁场和环形磁场。单向匀强磁场是指采用电源产生电流流过励磁线圈，从而在两极之间产生均匀的单向磁场。其中电磁铁装置包括直流电源、线圈、电磁铁。磁场装置的机理遵循法拉第（Faraday）电磁感应定律。通过改变电源电流可调节磁感应强度，由于漏磁效应，电源电流与磁感应强度呈非线性关系。单向匀强磁场根据其磁力线的方向可分为横向磁场和纵向磁场。环形磁场是指磁力线圈呈三角形或四边形布置，从而产生一个以中心轴为圆心的环形磁场。

2）交变磁场

交变磁场是指磁场的方向或大小发生改变的磁场装置,可分为旋转磁场和脉冲磁场。旋转磁场主要包括一个直流励磁电源,用于给磁力线圈提供电源;一个可编程逻辑控制器,用于控制励磁线圈的旋转频率;一个高压电源,在喷嘴端与工件之间产生直流高压电场;一个呈等边三角形布置的磁力线圈,用于产生一个围绕中心轴线的旋转磁场。而脉冲磁场则采用脉冲电源给磁力线圈供电,用以产生不同频率的磁场。

2. 磁场辅助加工技术参数

1）磁感应强度

磁感应强度可表征磁场的强度大小,单位为 T,一般范围为 0～0.4 T。在电磁铁装置中,磁力线圈中的电流越大,则表明磁感应强度越大;但由于漏磁效应,电流与磁感应强度不是线性正相关关系,而是非线性关系。磁感应强度是磁场装置最重要的参数之一,对精密电火花线切割加工效果有很大影响。

2）磁场方向

磁场方向一般是指 N 极指向 S 极的方向（磁力线的方向）。单向磁场的磁场方向只有一个,但环形磁场的磁场方向为环形,即一条磁力线上每个位置的磁场方向均不相同。不同的磁场方向会影响精密电火花线切割加工的安培（Ampère）力或洛伦兹力的方向,从而影响加工效率和加工质量。

3）磁场频率

磁场频率特指在交变磁场的频率,由脉冲电源的频率决定。

2.3.2　磁场辅助改善机制

在电火花线切割中,放电离子通道提供了材料蚀除的必要热能,使工件材料瞬间熔化、气化,并且当脉冲放电结束之后,熔化材料在工件表面形成熔池。因此,放电离子通道对电火花加工过程至关重要。根据拉莫尔（Larmor）半径原理可知:辅助磁场可限制并压缩放电离子通道,增大放电离子通道中的离子密度,从而加剧离子通道中带电粒子的相互碰撞;磁场可减弱电极表面带电粒子的扰动,从而提高放电离子通道的稳定性。这些特殊的物理特性可使工件表面放电接触点增多,进而增大电流密度,同时提高 MRR,改善加工表面质量。一般来说,对于非磁性材料而言,它并不受任何磁场力作用。但是如果有电流通过非磁性工件材料和电极丝,且与加载磁场方向成一定角度,就会产生两种洛伦兹力（微观角度为洛伦兹力,宏观角度为安培力）:一种作用在放电离子通道上,另一种作用在电极丝上。因此,加载磁场的方向对加工结果影响非常大。

当加载磁场方向与工件上表面平行[图 2.7（a）]时,经过电极丝的电流（I_1）方向与磁场（$\boldsymbol{B}$）方向垂直,因而电极丝都受到洛伦兹力。相反,放电离子通道电流（I_2）方向与磁场方向平行，因而放电离子通道不受洛伦兹力。这种情况下，电极丝所受的洛伦兹力会导致电极丝产生横向的偏移[图2.7（b）]。由于实验机床采用的高频电源为防电解电源，正负极会周期性变化，电极丝会产生横向的周期性振动，这种周期性振动的振幅受磁场强度控制，这与电极丝上加载超声振幅辅助加工有类似的效果，但是振动频率是固定的。

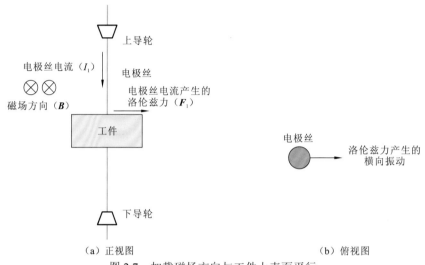

（a）正视图　　　　　　　　　　　　（b）俯视图

图2.7　加载磁场方向与工件上表面平行

当加载磁场方向与工件上表面垂直[图2.8（a）]时，两电极之间的放电离子通道电流（I_2）方向与磁场（$\boldsymbol{B}$）方向垂直，因而放电离子通道受到洛伦兹力（F_2）。相反，流经电极丝的电流（I_1）方向与磁场（$\boldsymbol{B}$）方向平行，因而电极丝不受洛伦兹力作用。这种情况下，如图2.8（b）所示，放电离子通道受到的洛伦兹力平行于工件侧表面（加工面），并不是指向或指出加工表面，即不是垂直于熔池方向。如果洛伦兹力方向垂直于熔池方向，可提高MRR，而且有助于放电离子通道的收缩形成。

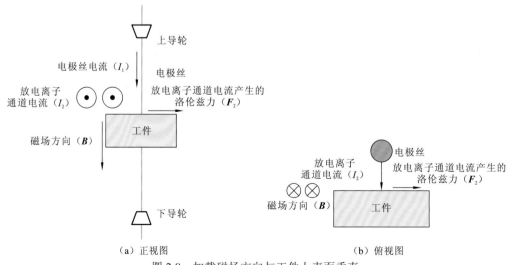

（a）正视图　　　　　　　　　　　　（b）俯视图

图2.8　加载磁场方向与工件上表面垂直

当磁场方向同时垂直于放电离子通道和电极丝时，可保证它们都受到洛伦兹力作用。整个电火花线切割加工系统的受力分析情况如图 2.9 所示。洛伦兹力合力可聚集放电离子通道，增大放电离子通道中的离子密度，从而加剧离子通道中带电粒子的相互碰撞，提高 MRR。同时，洛伦兹力可加速熔池的形成，增大熔池深度和面积（进而提高 MRR），提高工作液冲刷加工残渣的效率。其实，除洛伦兹力外，电火花加工过程中，还有一些其他作用力。加工中变化的电流产生感应磁场以及磁场力和电场力，工作液冲刷产生的液压力、火花放电时产生的爆炸力等其他作用力会形成一个放电合力，对加工蚀除过程和排屑过程有很大影响。因为电火花加工使用的是高频脉冲电源，所以通过电极丝的电流是变化的，从而产生感应磁场以及相应作用在电极丝的周期性电磁力。根据麦克斯韦（Maxwell）-安培法则可知，产生的电磁力为

$$J = \sigma_e v \times B_t + J_e \tag{2.19}$$

$$J_e = \frac{I}{S} \tag{2.20}$$

式中：σ_e 为电导率；v 为导体速度；B_t 为磁感应强度；J_e 为外部产生的电流密度；I 为通过电极丝的电流；S 为电极丝截面积。

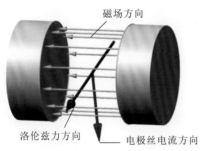
（a）电极丝电流方向及其在磁场中的受力

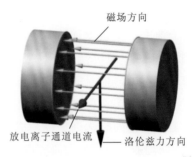
（b）放电离子通道电流方向及其在磁场中的受力

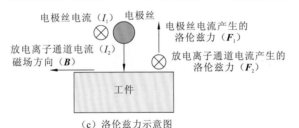
（c）洛伦兹力示意图

图 2.9　磁场与电流及洛伦兹力分布示意图

$$B_t = \nabla \times A \tag{2.21}$$

$$H = \mu_0^{-1} \mu_r^{-1} B_t - M \tag{2.22}$$

$$J = \nabla \times H \tag{2.23}$$

$$\nabla \times (\mu_0^{-1} \mu_r^{-1} \nabla \times A - M) - \sigma_e v \times (\nabla \times A) = \frac{I}{S} \tag{2.24}$$

式中：∇ 为拉普拉斯（Laplace）算子；A 为势能向量；H 为磁场强度；μ_0 为磁导率；μ_r 为相对磁导率；M 为磁极化强度。因此，瞬时安培法则方程为

$$\sigma_e \frac{\partial A}{\partial t} \nabla \times (\mu_0^{-1} \mu_r^{-1} \nabla \times A - M) - \sigma_e v \times (\nabla \times A) = \frac{I}{S} \qquad (2.25)$$

通过对电极丝体积积分可得电磁场力为

$$\sigma_e F_t = \int_V B_x J_e \mathrm{d}x \mathrm{d}y \mathrm{d}z \qquad (2.26)$$

一般电极丝所受洛伦兹力为

$$F_a = ILB_a \sin\alpha \qquad (2.27)$$

式中：I 为电流；L 为长度；B_a 为磁感应强度；α 为电流方向与磁场方向的夹角。

实际上，由于 $B_a > B_t$，由加载磁场产生的洛伦兹力 F_a 比感应磁场产生的电磁力 F_t 大；另外，由于采用防电解高频脉冲电源，F_a 会对电极丝产生一个周期性正、负方向交替的横向偏移，这样类似于给电极丝加载了一个周期性的超声振动，可提高加工效率。

2.4 工艺参数优化方法

在电火花线切割加工中有多个关键加工工艺参数，包括脉冲宽度、脉冲间隔、峰值电流、进给速度、电极丝速度、电极丝张力、水压。因为电火花线切割加工过程非常复杂，干扰因素多，随机性大，不仅各项工艺参数对特定单项加工指标（如 Ra、MRR 等）的影响规律不同，而且工艺参数组合对各个加工指标的影响更是各异，所以设置合理的工艺参数组合，在保证单项加工指标的同时，平衡各个加工指标之间的相互制约，使各个工艺目标同时达到最优，成为电火花线切割加工技术的一项艰巨任务。

电火花线切割加工工艺参数研究可分为单目标工艺优化问题和多目标工艺优化问题。

2.4.1 单目标工艺优化

从相关研究中可知，电火花线切割加工的主要性能指标为 MRR、CS、Ra、切口宽度（kerf width）、SG、电极丝磨损率（wire wear rate，WWR）等，加工工艺参数对这些加工性能指标有着显著影响。因此，必须合理精确地选择电火花线切割加工工艺参数，才能满足 MRR、CS、Ra、切口宽度、SG、WWR 等这些加工性能指标。

一般对 WEDM 加工某种特殊材料的单目标工艺参数优化问题的流程为：首先基于响应曲面法（response surface method，RSM）或田口方法（Taguchi method）设计加工实验，获取加工实验数据；然后运用方差分析、交互作用分析、信噪比（signal to noise ratio，S/N）等分析方法，研究工艺参数对加工目标的影响；最后采用数学回归或智能优化算法建立工艺参数优化模型。因此，从上述研究中发现，WEDM 工艺参数优化模型的准确性与所采用的实验设计方法及智能算法的可靠性密不可分。

下面简单介绍信噪比分析方法。

　　信噪比在参数设计中可用来度量指标波动的大小，是通过选择系统中参数的最优组合，使设计的产品质量波动小、抗干扰性强、稳健性好，因而是参数设计的核心。信噪比的分析过程本质上是参数的最优化问题，通过正交实验和运用正交表，它可作为产品稳健性评价的指标，运用统计方法，可获取最优参数的水平组合。借助信噪比分析方法能使精密电火花线切割加工工艺参数按其影响规律以影响因子的方式展示出来，从而寻找最优单目标工艺参数的组合就非常容易了。

　　一般情况下，如果不考虑随机噪声对实验过程的影响，使用平均水平分析方法也可寻找最优的工艺参数。但是，在精密电火花线切割加工中，由于存在噪声干扰，需对其加工实验重复多次，如果使用平均水平分析方法分析，那么分析结果是基于其多次实验结果的平均值。因此，该方法没有考虑到重复实验是从一个实验结果到另一个实验结果的变化，也不能正确反映出随机噪声对实验结果的影响。为此，选择信噪比分析方法，它能将重复实验的结果及其变化都考虑在内，不仅包括平均值的影响，也包括重复实验结果变化（随机噪声）的影响。

　　信噪比分析方法依据使用需求的不同可分为望大特性、望小特性、望目特性。

　　（1）望大特性是目标值越大越好，其信噪比定义为

$$\eta = -10\lg\left(\frac{1}{n}\sum_{i=1}^{n}\frac{1}{y_i^2}\right) \tag{2.28}$$

式中：n 为实验总数；y_i 为第 i 次实验结果。

　　（2）望小特性是目标值越小越好，其信噪比定义为

$$\eta = -10\lg\left(\frac{1}{n}\sum_{i=1}^{n}y_i^2\right) \tag{2.29}$$

　　（3）望目特性是目标值越接近某个值越好，其信噪比定义为

$$\eta = 10\lg\frac{\mu^2}{\sigma^2} \tag{2.30}$$

式中：μ 为样本的平均值；σ^2 为总体方差，$\sigma^2 = \frac{1}{n-1}\sum_{i=1}^{n}(y_i - \mu)^2$。

　　根据精密电火花线切割加工工艺性能可知：MRR 是望大特性，即希望取值越大越好；Ra 是望小特性，即希望取值越小越好，理想值是零。

2.4.2　多目标工艺优化

　　目前国内学者对 WEDM 工艺参数多目标优化的研究非常少。而国外对这个方面研究比较多，主要研究方法可总结为两类：第一类是基于田口或响应曲面法实验设计方法，采用不同的分析方法，如统计学分析、灰度分析、信噪比分析、方差分析，分别拟合得到各个 WEDM 性能评价指标的数学回归方程，并进行多目标优化。该方法的精度主要取决于拟合回归方程的准确度，因此具有一定局限性。第二类是基于大量 WEDM 加工实验数据，采用各种智能算法，特别是混合算法，进行加工过程建模，进而进行多目标

优化，得到最佳加工效果。该方法集成两种或多种智能算法的优势进行多目标优化，工艺优化精度与智能算法的性能有直接关系。

与单目标优化不同，多目标优化问题的最优解众多，常用非劣解或帕雷托（Pareto）前沿表示。精密电火花线切割加工效率和表面粗糙度就是非劣解的一个实例。具有代表性的优秀的多目标算法包括非支配排序遗传算法-II（non-dominated sorting genetic algorithm-II，NSGA-II）、帕雷托包络选择算法（Pareto envelope-based selection algorithm，PESA）、遗传算法（genetic algorithm，GA）、非支配邻域免疫算法（non-dominant neighbor immune algorithm，NNIA）等。智能算法的迭代次数和收敛性分别影响了多目标优化的计算效率和优化精度，迭代次数少且收敛性好的智能算法往往更佳。同时，多目标优化目标的数量也与智能算法的优化精度有很大关联，一般优化目标的数量越多，则对智能优化算法的要求越高，优化精度也就越低。

第 **3** 章

精密电火花线切割加工
蚀除热模型

    精密电火花线切割加工过程中，材料的蚀除是热、电、磁等共同作用的结果，但是大部分金属材料的蚀除是通过受热熔化、气化而离开基体材料的。分子动力学和有限元仿真是电加工计算机仿真建模领域研究最多且比较成熟的研究手段，能直接仿真精密电火花线切割加工的材料蚀除，无须进行尺度的变换，因而能从宏观、静态的仿真角度深入地揭示加工工艺规律。

3.1　精密电火花分子动力学模型

3.1.1　模型建立

为了适当简化模型的计算量，加工环境选为真空。模型与真空接触的面为自由边界条件，考虑到所用到的模型为非平衡分子动力学，其他四个侧面选为周期边界条件。所选的真空区域体积要比工件体积大很多，当工件原子逃出模拟区域后，其对模拟的影响就已经消失了，故将其从模型中除去。为研究方便，将真空区域作为区域1，阴极区域作为区域2，阳极区域作为区域3，如图3.1所示。

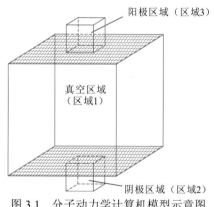

图3.1　分子动力学计算机模型示意图

图3.2分别构建了铜原子和钨原子的分子动力学计算机仿真模型（molecular dynamics computer simulation model，MDSM）。由于极间间隙远大于电极的直径，本书中暂时不考虑这两个电极之间的相互作用，模型中构建了阴极材料加工模型，另外一个阳极模型与之类似。对于铜原子，MDSM由64 000个铜原子构成，尺寸为3.62 nm×3.62 nm×57.8 nm；对于钨原子，MDSM由140 000个钨原子构成，尺寸为3.17 nm×3.17 nm×221.6 nm。Minish嵌入原子势用于描述原子之间的相互作用。自由边界条件施加到上底表面和下底表面，周期性边界条件应用到其他四个侧向表面。放电通道的电极上的影响包括两个部分：一个是因高温而产生的热效应，另一个是因高压力而产生的机械影响。热效应采用贝伦德森（Berendsen）的热浴方法，施加温度5 070～20 280 K到5 nm的厚度区域，该区域称为"热浴层"（heat bath layer，HBL）；机械影响转换为向模型中输入合适的压力。

此外，为了消除由于突然输入的热能在上表面产生的反射压力波，构建一个压力波消除层（pressure wave elimination layer，PWEL）进行处理（Schäfer et al.，2002）。

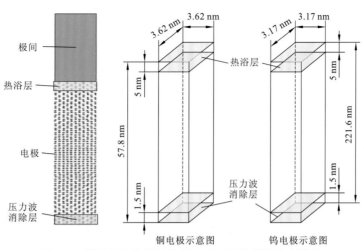

图 3.2　铜原子和钨原子的分子动力学计算机仿真模型

3.1.2　算法实现

由于 MDSM 的计算相当耗费时间，可采用基于消息传递方式的并行计算技术搭建 MDSM 的并行计算环境。下面使用成熟的 MPICH2 软件构建此环境，来执行处理器之间的消息传递。

分子动力学模型并行计算架构如图 3.3 所示，在该方案中，整个区域划分为若干子

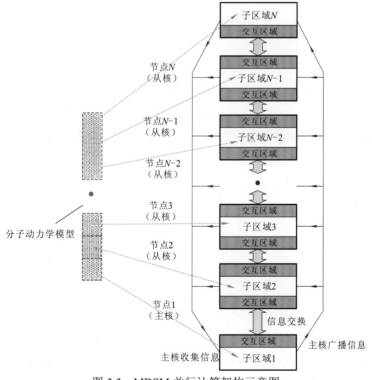

图 3.3　MDSM 并行计算架构示意图

区域，每个处理器负责一个特定子区域的 MDSM 计算，各原子根据其瞬时位置分配给一个特定的处理器，相邻处理器之间的原子相互作用通过复制相邻处理器交互区域的瞬态物理量信息到当前子区域，从而执行标准的分子动力学计算。MDSM 的控制由主核负责，通过消息机制向各从核广播或者单独发送命令，各从核完成计算任务后，通过消息机制反馈到主核，之后主核收集信息，更新整个仿真模型的相关状态信息（明五一，2014）。

除采用并行计算架构外，在 MDSM 计算中还可采用单元细分方法和邻近列表方法，它们能将计算量减少到 $O(N_\mathrm{m})$ 级别（N_m 为 MDSM 中的原子总数）。

整个仿真模型的计算流程如图 3.4 所示。该算法用 C 语言程序编写，采用 Visual Studio 2010 来编译程序。由于程序运行计算量大，除优化算法外，还需配置高性能的计算机，从而减少运行时间。在本书研究中，使用一台高性能计算机服务器，配置有两颗至强 2640 处理器（2.5 GHz 主频，12 核，24 线程）和 32 G 内存，运行一次 400 ps 的仿真模型至少需要 30 h。

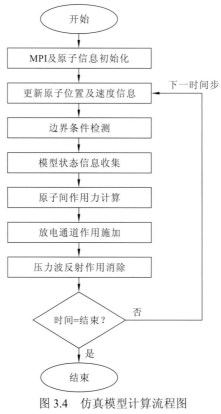

图 3.4　仿真模型计算流程图
MPI 为消息传递接口

3.1.3　仿真加工动态过程分析

分子动力学仿真能从动态、微观的角度揭示材料的加工过程，图 3.5 和图 3.6 分别是精密电火花仿真加工铜和钨不同时刻的快照。

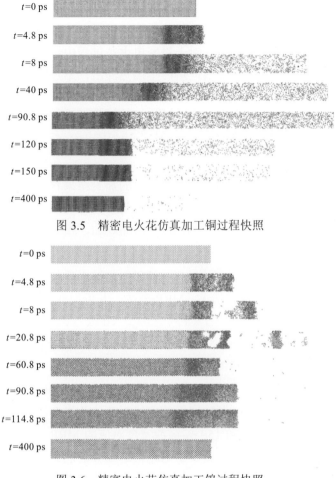

图 3.5 精密电火花仿真加工铜过程快照

图 3.6 精密电火花仿真加工钨过程快照

在图 3.5 中，加工参数能量为 54.95 keV、脉冲宽度为 90 ps，放电开始后，顶部的原子开始熔化，甚至快速气化，大约放电 4.8 ps 后，材料的蚀除过程开始发生，随着热能连续不断地输入，越来越多的原子被蚀除，大约放电结束后的 60 ps，材料的蚀除过程停止。从上述仿真过程中可以看出，从 8 ps 到 160 ps 铜都是以单个原子的形式从材料表面蚀除。

在图 3.6 中，加工参数能量为 80.46 keV、脉冲宽度为 90 ps，放电开始后，顶部的原子开始熔化，但是并没有立即气化，放电 4.8 ps 后，材料的蚀除过程开始发生，随着热能连续不断地输入，原子不断地被蚀除，大约放电结束后的 24.8 ps，材料的蚀除过程停止。从上述仿真过程中可以看出，钨是以团簇形式从表面蚀除的，即原子是以大块团簇离开材料基体的。

对比精密电火花仿真加工铜与钨发现，铜原子蚀除主要是以单原子或一小组原子而不是大块团簇离开基体。这表明，在仿真模型模拟的温度范围内，铜原子的主要蚀除方式不是机械剥离，而是表层材料过热引起的爆炸解体；而钨原子的主要蚀除方式不是爆炸解体，而是机械剥离。这种现象的可能原因之一是铜与钨的熔点和沸点不一样，钨的熔点和沸点比铜高；另外一个原因是钨的热导率比铜低，导致热量在钨中过渡集中在表层，不能及时传递到基体深层，从而对于精密电火花过程中钨材料的主要蚀除方式是在基体表面上突然施加的超高温度热效应所产生的热冲击，不过蚀除的原子总数并不多，其加工效率也不高。

3.1.4 仿真加工参数影响研究分析

在精密电火花仿真加工中，加工参数对材料的加工结果有很大的影响，可借助分子动力学模型，评价加工参数对 MRR，区域能量密度（regional energy density，RED）、能流（energy flux，EF）、蚀除深度（depth of removal，Dr）等不同指标的影响，从而为优化加工参数提供指导。

以 MRR 为例，图 3.7 描述了仿真模型中 MRR 与加工参数之间的关系。如图 3.7（a）所示，对于铜而言，随着 RED 的增大，MRR 变大，并近似线性增长，其规律与 RED 和 Dr 之间的关系类似。但是，从图 3.7（a）、（b）、（d）、（e）可知，随着脉冲宽度的增大，铜和钨对应的 MRR 都是减少的，这是由于 MRR 的计算不仅与 Dr 相关，而且还与加工时间相关，即与脉冲宽度相关。图 3.7（c）表明，对于每一组脉冲宽度对应的曲线而言，MRR 随 EF 的增大而近似成线性增长。对比 90 ps 与 150 ps 脉冲宽度的两组关系曲线，它们几乎重叠，而 90 ps 脉冲宽度的曲线与其他两组有比较大的距离，即在相同的 EF 下，其 MRR 低于 40 ps 和 150 ps 脉冲宽度对应的 MRR，这说明其能量有一部分通过热传导到材料基体里面，从而减少了熔化铜这部分的能量。

由上面阐述可知，EF 越大，其单位时间单位面积上能量越大，这样就会有更多的原子动能超过其逃逸能量，从而 MRR 会变大。但是，MRR 变化率的大小还依赖于脉冲宽度。对于这三种脉冲宽度情况施加相同的温度，在 10 ps 之后，铜原子开始逃逸材料基体，随之放电结束，其熔化的部分逐渐冷却，一些原本可以逃逸的原子留在了基本表面。因此，在加工铜中脉冲宽度为 90 ps 的 EF 与 MRR 之间的关系和其他脉冲宽度有一些差异。

但是，从图 3.7（f）知，钨的 EF 与 MRR 之间的关系和铜有明显不同，虽然总体趋势是 MRR 随着 EF 在增大，但是在不同的脉冲宽度情况下，钨的 EF 与 MRR 之间的规律跟铜明显不同，在较低的 EF[小于 0.08 keV/（ps·nm^2）]时，40 ps 脉冲宽度在相同 EF 的条件下对应的 MRR 低于 90 ps 和 150 ps 所对应的 MRR，在较高的 EF[大于 0.08 keV/（ps·nm^2）]时，40 ps 脉冲宽度在相同 EF 的条件下对应的 MRR 要高于 90 ps 和 150 ps 所对应的 MRR。这种现象说明：一方面，钨加工主要是以原子团簇的形式从材料基体上蚀除，呈现出一定的随机性；另一方面，施加相同温度的条件下，更大的脉冲宽度并没有产生有效的蚀除，而是使钨原子熔化，增大了熔融区。

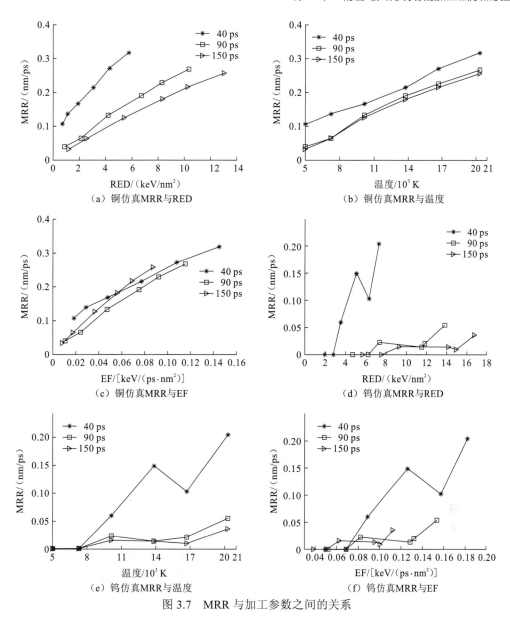

图 3.7　MRR 与加工参数之间的关系

3.2　单脉冲放电材料蚀除热模型

与前人研究一样，将电火花线切割材料蚀除过程简化为热物理过程。本节根据经典的傅里叶热传导理论，采用高斯面热源进行分析，考虑相变潜热（熔化、气化）、材料的导热系数和比热容系数随温度变化，工件吸收放电能量系数和熔化材料冲刷速度随放电参数的变化，建立精确的单脉冲放电材料蚀除热模型，以此精确求得单个脉冲放电作用下放电凹坑的尺寸。

3.2.1 热传导模型

单脉冲放电材料蚀除热模型根据经典傅里叶热传导模型建立，三维轴对称单脉冲放电热传导四分之一模型示意图如图3.8所示，数学表达式为

$$\rho_w c_p \frac{\partial T_a}{\partial t} = \frac{1}{r}\frac{\partial}{\partial r}\left(k_w r \frac{\partial T_a}{\partial r}\right) + \frac{\partial}{\partial z}\left(k_w \frac{\partial T_a}{\partial z}\right) \tag{3.1}$$

式中：c_p 为质量定压热容；T 为温度；t 为时间；k 为热传导速率；r 为轴向距离；z 为纵向距离。

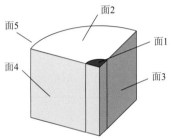

图 3.8 三维轴对称单脉冲放电热传导四分之一模型

假设周围环境保持在20℃，边界条件如下。

（1）面1在脉冲宽度内，吸收放电通道的能量 $q(r)$；在脉冲间隔内，吸收热量为零，并向外界以对流的形式流出 $h_0(T_a - T_{ref})$（T_a 为材料温度，T_{ref} 为环境温度）。

（2）面2向外界以对流的形式流出 $h_0(T_a - T_{ref})$。

（3）面5为热绝缘面。

（4）由于对称性，面3和面4也为热绝缘面。

为了方便建模，现作如下假设。

（1）材料蚀除过程主要是由热力作用导致，材料的热导率和热容均为与温度相关的变量，忽略热膨胀效应，材料密度和材料形状未发生改变。

（2）材料蚀除过程主要包括热作用熔化和热作用蒸发，材料的热容是与相变潜热和相变温度相关的函数。

（3）作用在工件上的热源为高斯分布面热源。

（4）工件吸收的传热系数（f_a）为与脉冲电流和脉冲宽度相关的函数。

（5）熔化和蒸发的工件材料冲刷速度为与脉冲电流和脉冲宽度相关的函数。

（6）工件材料质量均匀分布，且各向同性。

3.2.2 模型建立

1. 高斯面热源

高斯面热源为大部分学者研究电火花热模型所采用的热源，采用如下所示随时间变化的高斯面热源方程，将热源均匀作用在放电通道平面内：

$$q(t) = \frac{3.4878 \times 10^5 f_a U_{(t)} I_{(t)}^{0.14}}{t_{on}^{0.88}} \exp\left\{-4.5\left(\frac{t}{t_{on}}\right)^{0.88}\right\} \tag{3.2}$$

式中：$U_{(t)}$ 为电压；$I_{(t)}$ 为电流；t_{on} 为脉冲宽度。

根据电火花单脉冲放电加工的原理，随位置分布的高斯面热源更加符合实际情况，其数学表达式为

$$q(r) = \frac{4.5 f_a U_{(t)} I_{(t)}}{\pi R_P^2} \exp\left\{-4.5\left(\frac{r}{R_P}\right)^2\right\} \tag{3.3}$$

式中：r 为轴向距离；R_P 为放电通道半径。

2. 工件吸收传热系数

在电火花放电过程中，由于高速运动电子在工件表面受阻，电子的动能大部分转化为工件表面材料的热能，工件表面材料的热量并不是完全被工件材料吸收，而是部分被吸收使其发生熔化和气化，其余部分被电极间隙内运动的电极丝和高速冲刷的电介质以热传导和热对流的方式吸收。电极间隙内的能量分布在阳极工件、放电通道、阴极，其能量分布系数一直没有统一的结论，大部分学者认为单个脉冲阳极工件吸收的传热系数与脉冲电流和脉冲时间相关。

根据实验与傅里叶热传导理论相结合的方法，得到工件吸收传热系数与脉冲电流和脉冲时间的关系式（Singh，2012）为

$$f_a = 5.672 + 0.2713 \times I^{0.5598} T_{on}^{0.4602} \tag{3.4}$$

3. 相变潜热

阳极工件材料在吸收大量的热量之后会发生两次相变：先从固态吸热熔化为液态，再从液态吸热气化为气态。当金属材料发生相变之后，其质量定压热容也将发生变化，等效比热容为

$$C_m = c_p + \frac{L_m}{\Delta T_1} \tag{3.5}$$

式中：c_p 为质量定压热容；L_m 为相变潜热；ΔT_1 为金属熔点与室温的差值。

绝大部分学者仅仅考虑金属材料熔化潜热，很少考虑金属材料的汽化潜热。放电通道内的温度最高可达 10 000 ℃，必有部分金属材料以气态的方式离开工件表面；同理，金属材料从液态转化为气态，等效比热容为

$$C_{ev} = C_m + \frac{L_{ev}}{\Delta T_2} \tag{3.6}$$

式中：L_{ev} 为汽化潜热；ΔT_2 为金属沸点与金属熔点的差值。

4. 工件材料冲刷速度

当工件材料由于高温作用，以熔化或蒸发的方式进入电极间隙，电极间隙内存在高速喷射的电介质，将使熔化或蒸发的材料再次冷却结晶；部分结晶的颗粒会随着电介质

的冲刷而被带走，剩下结晶的颗粒将再次留在工件表面。工件材料冲刷速度为实际蚀除材料质量与理想热作用下蚀除材料质量的比，工件材料冲刷速度与脉冲电流和脉冲宽度的回归模型为

$$PFE\% = 9.864\,3 \times I^{0.798\,5} T_{on}^{-0.155\,9} \qquad (3.7)$$

脉冲电流越大，则单位时间内轰击阳极的电子数目越多，阳极材料吸收的热量越大，瞬间热爆炸作用下，材料更容易离开工件表面；脉冲放电时间越长，则放电通道内放电蚀除残渣越多，当放电蚀除残渣未及时排除时，容易使电极之间发生短路，降低有效放电脉冲的比例，从而降低 MRR。

5. MRR

单脉冲放电产生的放电凹坑的形状可近似为抛物面，其体积表达式（单位：μm^3）为

$$V_c = \frac{1}{2}\pi R_c^2 D_c \qquad (3.8)$$

式中：R_c 为凹坑半径；D_c 为凹坑深度。MRR（单位：mm^3/min）为

$$MRR = \frac{6\times10^{16}V_c}{T_{on}+T_{off}} \qquad (3.9)$$

式中：T_{on} 为脉冲宽度；T_{off} 为脉冲间隔。

6. 材料的热物理性质

选用 45 号钢为该仿真模型的材料，其基本物理性质如表 3.1 所示。

表 3.1　45 号钢的基本物理性质

密度 / (kg/m³)	常温比热容 /[J/ (kg·K)]	常温导热系数 /[W/ (m·K)]	熔点 /K	沸点 /K	熔化潜热 / (kJ/kg)	汽化潜热 / (kJ/kg)
7 545	575	48	1 808	3 408	247	6 343

金属材料在吸热升温的过程中，其热物理性质变化最明显的是导热系数和比热容，45 号钢的导热系数和比热容随温度变化的关系如表 3.2 所示。

表 3.2　45 号钢导热系数和比热容随温度的变化

温度/K	导热系数/[W/ (m·K)]	比热容/[J/ (kg·K)]
290	48	445
500	46	529
700	41	615
900	35	825
1 028	25	1 064
1 100	26	827
1 500	29	652
1 890	29	822
3 135	29	821

3.2.3　模型计算

1. 单脉冲放电材料温度分布

经过上述单脉冲材料蚀除热模型的假设、分析、建模,采用 COMSOL MULTIPHYSICS 数值计算软件对其进行数值计算。图 3.9 为四分之一圆柱单脉冲放电温度分布图,其加工参数为脉冲电压 25 V、脉冲电流 10 A、脉冲宽度 32 μs。根据计算结果可以得出:工件吸收传热系数为 10.52%,放电通道半径为 25.23 μm,放电凹坑半径为 31.0 μm,放电凹坑深度为 16 μm。从图 3.9 中可以看出:①工件材料温度从中心向外部逐渐降低,温度最大值可达 1.81×10^4 K;②根据 45 号钢的熔点温度等值线和沸点温度等值线可知,工件在吸热过程中发生了熔化或气化,沸腾区体积约占熔化区体积的 40%,因此考虑工件材料气化潜热能建立更精确的热模型;③熔化区的半径比深度更大,根据轴对称性,将放电凹坑的形状近似为抛物面是可行的。

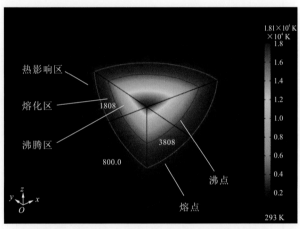

图 3.9　四分之一圆柱单脉冲放电温度分布图

2. 单脉冲放电材料蚀除热模型对比

为了验证本次研究建立的单脉冲材料蚀除热模型的正确性和可行性,引用文献 (Ming et al.,2014;Joshi and Pande,2009;Daryl et al.,1989) 中的数据,包括单脉冲放电 MRR 实验值和理论模型预测值,将本模型与实验数据和文献中模型预测值进行对比,通过预测值与实验值的相对误差来判断模型的正确性和精确性。

本次研究建立的理论模型与 Ming 等、Joshi 和 Pande、Daryl 等学者的主要不同点如表 3.3 所示。

表 3.3 四个单脉冲放电热模型的不同点

项目	本模型	Daryl 等	Joshi 和 Pande	Ming 等
放电通道半径	$2.04 \times I^{0.43} \times T_{on}^{-0.44}$	$0.788 T^{3/4}$	$2.04 \times I^{0.43} \times T_{on}^{-0.44}$	$2.04 \times I^{0.43} \times T_{on}^{-0.44}$
热源模型	$\dfrac{4.5 f_a U_{(t)} I_{(t)}}{\pi R_P^2} \exp\left[-4.5\left(\dfrac{r}{R_P}\right)^2\right]$	$\dfrac{f_a U_{(t)} I_{(t)}}{\pi R_P^2} \exp\left[-\dfrac{r^2}{R_P^2}\right]$	$\dfrac{3.4878 \times 10^5 f_a U_{(t)} I_{(t)}^{0.14}}{t_p^{0.08}} \exp\left[-4.5\left(\dfrac{t}{t_p}\right)^{0.88}\right]$	$\dfrac{f_a U_{(t)} I_{(t)}}{\pi R_P^2} \exp\left[-\dfrac{r^2}{R_P^2}\right]$
工件吸收热系数	$5.672 + 0.2713 \times I^{0.5598} T_{on}^{0.4602}$	8±1%	8±1%	同本模型
导热系数	随温度变化	定值	定值	随温度变化
相变潜热	熔化和汽化潜热	未考虑	未考虑	熔化潜热
工件材料冲刷速度	$9.8643 \times I^{0.7985} \times T_{on}^{-0.1559}$	同本模型	100%	同本模型

通过上述分析，单脉冲 MRR 的四个模型预测值和实验值如表 3.4 所示。单脉冲放电能量与 MRR 关系曲线如图 3.10 所示。

表 3.4　三个单脉冲放电材料蚀除热模型对比（E_d：实验值，T_d：预测值）

序号	加工参数			凹坑半径	凹坑深度	MRR/（mm³/min）				
	I/A	T_{on}/μs	T_{off}/μs	R_c/μm	D_c/μm	E_d（Daryl 等）	T_d（Daryl 等）	T_d（Joshi 和 Pande）	T_d（Ming 等）	本模型
1	2.34	5.6	1.0	5.20	4.10	0.3	13.82	12.13	1.07	1.58
2	2.85	7.5	1.3	6.87	5.04	1.6	17.26	16.36	2.61	2.55
3	3.67	13.0	2.4	9.96	7.30	3.1	21.78	20.36	5.78	4.43
4	5.30	18.0	2.4	14.10	9.80	8.4	35.58	34.49	17.52	9.00
5	8.50	24.0	2.4	19.7	14.50	23.2	63.79	62.86	27.73	20.09
6	10.00	32.0	2.4	23.2	19.10	32.0	77.18	76.37	43.38	28.17
7	12.80	42.0	3.2	30.5	23.00	50.5	100.30	96.68	59.64	44.61
8	20.00	56.0	3.2	44.2	33.00	89.7	164.60	152.80	129.20	102.60
9	25.00	100.0	4.2	58.8	47.00	125.0	207.20	197.90	148.30	147.00

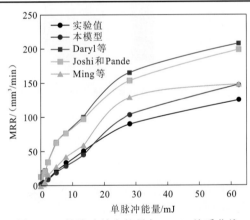

图 3.10　单脉冲放电能量与 MRR 关系曲线

从表 3.4 和图 3.10 中可以看出：①四个理论热模型对 MRR 预测值和实验值随单脉冲放电能量的影响趋势一致，故四个理论模型对于 MRR 的预测均具有正确性；②与 Daryl 等和 Joshi 和 Pande 的模型建立方法类似，均未考虑放电蚀除过程中工件材料的相变潜热，故 Daryl 等与 Joshi 和 Pande 研究得到的单脉冲放电 MRR 的预测结果比较接近；③Ming 等的模型与本模型的单脉冲放电 MRR 的预测结果比较接近，且更加接近实验数据，则相变潜热对于单脉冲放电热模型具有重要影响；④本模型对 MRR 的预测值比 Ming 等的模型更加接近实验数据，由此可见，汽化相变潜热对于研究单脉冲放电的热模型具有不可忽视的作用。

总之，本次建立的单脉冲放电热模型具有较高的正确性和预测精度，可作为连续脉冲放电材料蚀除热模型的依据。

3.3 连续脉冲放电材料蚀除热模型

单脉冲放电的 MRR 主要与材料性质和加工参数直接相关。本节将以单脉冲放电材料蚀除热模型为基础,假设放电点的位置均匀分布,忽略脉冲放电之间的相互影响,建立连续脉冲放电材料蚀除热模型来预测工件 MRR,揭示热力作用蚀除工件材料的机理。

3.3.1 热力学模型

1. 热传导模型

本次连续脉冲放电材料蚀除热模型根据经典傅里叶热传导模型建立,对称连续脉冲放电热传导二分之一模型示意图如图 3.11 所示。

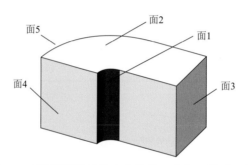

图 3.11 对称连续脉冲放电热传导二分之一模型示意图

假设周围环境保持在 20℃,边界条件如下。

(1)面 1 在脉冲宽度(T_{on})内,吸收放电通道的能量;在脉冲间隔(T_{off})内,吸收热量为零,并向外界以对流的形式流出 $h_1(T_a - T_{ref})$。

(2)面 2 向外界以对流的形式流出 $h_2(T_a - T_{ref})$。

(3)面 5 和面 3 为热绝缘面。

(4)由于对称性,面 4 也为热绝缘面。

2. 模型假设

为了方便建模,现作如下简化假设。

(1)材料蚀除过程主要是由热力作用导致,材料的热导率和热容均为与温度相关的变量,忽略材料热膨胀效应,材料密度和材料形状未发生改变,材料质量分布均匀且各向同性。

(2)脉冲间隔的时间足够使放电通道消电离,放电通道恢复常态。

(3)单脉冲只存在一个放电通道,即不存在多个脉冲之间相互影响。

(4)两个相邻脉冲的间距为放电通道的半径与放电凹坑的半径之和,放电点在电极间隙内均匀分布。

（5）连续脉冲放电热模型的工件吸收传热系数、相变潜热、工件材料冲刷速度与单脉冲放电热模型一致。

3.3.2　模型建立

1. 均布热源

由于各个脉冲放电点被假设在电极间隙内均分分布，连续脉冲放电的热源模型近似为均布热源，其表达式为

$$Q_{(r)} = \frac{f_a U_{(t)} I_{(t)}}{\pi r h} \qquad (3.10)$$

式中：h 为热源深度。

2. 放电点分布与计算

本书假设两个相邻脉冲的间距为放电通道的半径 R_P 与放电凹坑的半径 R_c 之和，两个相邻脉冲分布示意图如图 3.12 所示。

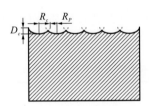

图 3.12　两个相邻脉冲分布示意图

在电火花线切割放电加工过程中，电极丝与工件材料放电的面积为半个圆柱面，将半个圆柱面展开可近似为电火花加工；根据连续脉冲放电热模型的假设，将半个圆柱面整个区域均匀放电加工一次需要的放电次数为

$$\text{num} = \frac{\pi r h}{(R_c + R_P)^2} \qquad (3.11)$$

故同一位置无重复放电的热模型持续时间为

$$t_{\text{num}} = \text{num} \times (T_{\text{on}} + T_{\text{off}}) \qquad (3.12)$$

3. MRR$_{\text{th}}$

连续脉冲放电的热力作用在 t_{num} 时间内蚀除工件材料的形状如图 3.13 阴影部分所示，故有

$$\text{MRR}_{\text{th}} = \frac{2 d_m (r + d_m) h}{2 t_{\text{num}}} \qquad (3.13)$$

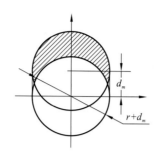

图 3.13　连续脉冲放电材料蚀除示意图

4. 材料的热物理性质

选取 304 不锈钢为模型所用材料，其基本物理性质如表 3.5 所示。

表 3.5　304 不锈钢的基本物理性质

密度 /（kg/m^3）	常温比热容 J/（kg·K）	常温导热系数 /[W/（m·K）]	熔点 /K	沸点 /K	熔化潜热 /（kJ/kg）	汽化潜热 /（kJ/kg）
7 930	500	14.2	1 693	3 023	300	6 340

金属材料在吸热升温过程中，其热物理性质变化最明显的是导热系数和比热容，不锈钢的导热系数和比热容随温度变化关系如表 3.6 所示。

表 3.6　304 不锈钢导热系数和比热容随温度变化关系

项目	温度/K							
	100	200	400	600	800	1 000	1 200	1 500
导热系数/[W/（m·K）]	9.2	12.6	16.6	19.8	22.6	25.4	28	31.7
比热容/[J/（kg·K）]	272	402	515	557	582	611	640	682

3.3.3　模型计算

为了验证本次建立的连续脉冲放电热模型的正确性，首先采用 304 不锈钢作为工件材料，设计 25 组正交实验，测量加工过程最佳进给速度加工的 MRR_{ex} 实验值；然后根据正交实验设计的加工参数表，采用单脉冲热模型计算放电凹坑的尺寸，从而求得将半个圆柱面整个区域均匀放电加工一次所需的放电次数 num；再建立连续脉冲热模型，计算在第 num 次放电蚀除过程中工件材料的径向熔深，从而求得在 t_{num} 时间内的 MRR_{th} 理论值；最后将实验值与理论预测值进行对比，以相对误差为标准来评估连续脉冲放电热模型的正确性。

1. 实验设计

本次设计的正交实验为五因素五水平标准正交实验，因素包括工件厚度 h、脉冲宽度 T_{on}、占空比 k_p、脉冲电压 $U_{(t)}$、电极丝速度 v，各因素水平表如表 3.7 所示。

表 3.7　各因素水平表

序号	工件厚度 h/mm	脉冲宽度 T_{on}/μs	占空比 k_p	脉冲电压 $U_{(t)}$/V	电极丝速度 v/（m/s）
1	0.5	10	0.45	30	0.10
2	1.0	12	0.50	35	0.12
3	2.0	14	0.55	40	0.14
4	5.0	16	0.60	45	0.16
5	10.0	18	0.65	50	0.18

2. 单脉冲放电凹坑尺寸计算

根据 3.2 节建立的单脉冲放电材料蚀除热模型和正交表的加工参数进行计算，计算结果如表 3.8 所示。

表 3.8　25 组单脉冲放电凹坑尺寸

序号	工件厚度 h /mm	脉冲宽度 T_{on} /μs	脉冲间隔 T_{off}/μs	占空比 k_p	脉冲电压 $U_{(t)}$/V	电极丝速度 v /（m/s）	工件吸收能量系数 f_a	放电通道半径 R_p/μm	放电凹坑半径 R_c/μm
1	0.5	10	12	0.45	30	0.10	8.51	15.12	18.60
2	0.5	12	12	0.50	35	0.12	8.76	16.39	20.70
3	0.5	14	11	0.55	40	0.14	8.99	17.54	22.60
4	0.5	16	11	0.60	45	0.16	9.20	18.60	24.50
5	0.5	18	10	0.65	50	0.18	9.40	19.59	25.80
6	1.0	10	10	0.50	40	0.16	8.51	15.12	20.10
7	1.0	12	10	0.55	45	0.18	8.76	16.39	22.20
8	1.0	14	9	0.60	50	0.10	8.99	17.54	23.90
9	1.0	16	9	0.65	30	0.12	9.20	18.60	22.30
10	1.0	18	22	0.45	35	0.14	9.40	19.59	24.00
11	2.0	10	8	0.55	50	0.12	8.51	15.12	21.30
12	2.0	12	8	0.60	30	0.14	8.76	16.39	20.30
13	2.0	14	8	0.65	35	0.16	8.99	17.54	21.80
14	2.0	16	20	0.45	40	0.18	9.20	18.60	24.00
15	2.0	18	18	0.50	45	0.10	9.40	19.59	25.20

续表

序号	工件厚度 h /mm	脉冲宽度 T_{on} /μs	脉冲间隔 T_{off}/μs	占空比 k_p	脉冲电压 $U_{(t)}$/V	电极丝速度 v /(m/s)	工件吸收能量系数 f_a	放电通道半径 R_P/μm	放电凹坑半径 R_c/μm
16	5.0	10	7	0.60	35	0.18	8.51	15.12	19.50
17	5.0	12	6	0.65	40	0.10	8.76	16.39	21.20
18	5.0	14	17	0.45	45	0.12	8.99	17.54	23.20
19	5.0	16	16	0.50	50	0.14	9.20	18.60	25.20
20	5.0	18	15	0.55	30	0.16	9.40	19.59	23.00
21	10.0	10	5	0.65	45	0.14	8.51	15.12	20.70
22	10.0	12	15	0.45	50	0.16	8.76	16.39	22.80
23	10.0	14	14	0.50	30	0.18	8.99	17.54	21.30
24	10.0	16	13	0.55	35	0.10	9.20	18.60	22.80
25	10.0	18	12	0.60	40	0.12	9.40	19.59	24.50

3. 工件材料的径向熔深和 MRR_{th}（num 次放电）

首先根据表 3.8 和公式（3.11），求得将半个圆柱面整个区域均匀放电加工一次所需的放电次数 num；然后根据建立的连续脉冲放电热模型，采用 COMSOL MULTIPHYSICS 数值计算软件，可定量得到 num 次放电蚀除加工工件材料的径向熔化深度 d_m；最后，根据公式（3.12）和公式（3.13），可定量计算 num 次放电蚀除加工的 MRR_{th}，并将其近似为连续脉冲放电的 MRR_{th}。工件材料的径向熔深和 MRR_{th} 理论值如表 3.9 所示。

表 3.9　工件材料的径向熔深和 MRR_{th} 理论值

序号	无重复放电次数 num	无重复放电总时间 t_{num}/μs	径向熔深 d_m /μm	材料冲刷速度 PEF%	冲刷折合 MRR_{th} /(mm³/min)
1	173	3 837	5.04	43.32	6.84
2	143	3 426	5.68	42.10	8.40
3	122	3 103	6.30	41.10	10.08
4	106	2 819	6.90	40.26	11.93
5	95	2 640	7.50	39.52	13.62
6	317	6 331	5.34	43.32	8.79
7	264	5 755	5.81	42.10	10.24
8	229	5 337	6.42	41.10	11.95
9	235	5 779	6.30	40.26	10.60

续表

序号	无重复放电次数 num	无重复放电 总时间 t_{num}/μs	径向熔深 d_m /μm	材料冲刷速度 PEF%	冲刷折合 MRR_{th} / (mm^3/min)
10	207	8 268	6.90	39.52	7.99
11	592	10 764	5.68	43.32	11.01
12	584	11 671	5.22	42.10	9.06
13	508	10 933	5.92	41.10	10.73
14	433	15 390	6.60	40.26	8.35
15	392	14 096	7.02	39.52	9.54
16	1 638	27 300	5.16	43.32	9.85
17	1 390	25 660	5.80	42.10	11.46
18	1 183	36 812	6.30	41.10	8.50
19	1 024	32 756	6.96	40.26	10.36
20	1 083	35 433	6.54	39.52	8.82
21	3 060	47 079	5.41	43.32	11.97
22	2 557	68 198	5.92	42.10	8.81
23	2 604	72 904	5.80	41.10	7.88
24	2 292	66 662	6.36	40.26	9.28
25	2 020	60 615	7.02	39.52	11.09

3.4　实　验　验　证

3.4.1　分子动力学模型实验验证

由于受到微观尺度和实验条件的限制，分子动力学模型的实验验证在精密 WEDM-LS（W-A530）机床上进行，只对仿真模型中铜的 MRR 与 EF 之间的关系进行验证，以证明所提出仿真模型的正确性。实验验证平台如图 3.14 所示。工件样件为 3 mm 厚的黄铜板，加工长度 1 mm，电解液为去离子水，电极丝（铜丝）的直径为 0.25 mm。

放电电流通过电流传感器采集，所采用的电流传感器为美国霍尼韦尔国际公司的 CSNF161，其特性如表 3.10 所示，它能够满足实验要求。脉冲宽度可由电压波形得出，总的加工量由机床控制系统记录。

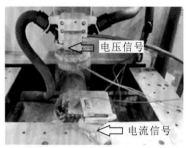

（a）实验机床及其传感器

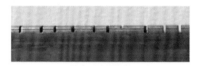

（b）黄铜样件

图 3.14　精密 WEDM-LS 验证实验

表 3.10　电流传感器特性

采集范围/A	输出信号	输入输出比	反应时间/ns	精度
±150	电流信号	1 000∶1	500	±0.5%

实验结果如表 3.11 所示。MRR 为实验计算后的 MRR（单位：nm/ps），其表达式为

$$MRR = \frac{D_c}{T} \tag{3.14}$$

式中：D_c 为放电凹坑的深度，由经验值，可假定为 3 倍的凹坑半径 R_P，而 R_P 可由下式计算确定（假定凹坑均为半椭球）：

$$R_P = \left(\frac{V_s}{2\pi}\right)^{1/3} \tag{3.15}$$

式中：V_s 为单脉冲蚀除体积，可由实验结果计算获取。

表 3.11　黄铜精密 WEDM-LS 加工结果

序号	I/A	U/V	T/μs	MRR/（nm/ps）
1	4	13	2.5	0.002 5
2	9	16	1.4	0.005 0
3	10	9	1.0	0.006 7
4	9	10	1.0	0.006 8
5	12	10	1.0	0.008 1
6	8	10	0.8	0.006 6

在精密 WEDM-LS 加工中，放电半径 R_P 采用下式计算：

$$R_P = 0.788T^{0.75} \tag{3.16}$$

式中：T 为实验中对应的放电时间。EF 取在放电通道内的平均值，即

$$EF = \frac{f_c U I}{\pi R_P^2} \tag{3.17}$$

式中：f_c 为能量分配比例，这里取值为 0.095。

通过表 3.11 中的数据，可获取精密 WEDM-LS 实验中黄铜样件 MRR 与 EF 的关系曲线，如图 3.15 所示。由仿真实验及其加工实验数据可知，仿真模型与加工实验中的 EF 区间在一个数量级内，即 0～0.16 keV/（ps·nm²）。图 3.15 和图 3.7（c）中，MRR 均与 EF 呈近似线性关系，但加工实验中 MRR 随 EF 变化要慢很多，与仿真实验中采用 MRR 进行比对，则二者的斜率比值在 0.05 左右。从图 3.15 中可以看出，当 EF 低于 0.01 keV/（ps·nm²）时，加工实验中几乎不存在材料蚀除；而在图 3.7（c）中，此时 MRR 仍不可忽略。

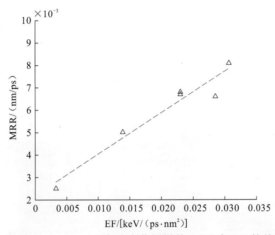

图 3.15　精密 WEDM-LS 实验中黄铜样件 MRR 与 EF 的关系曲线

造成以上现象是因为加工实验中存在一些因素抑制着材料的蚀除，可归于两个方面：一是微观尺度效应的影响；二是电解液的冷却作用对材料蚀除的抑制。一方面，由于本模型是基于分子级别构建的，存在微观尺度效应影响，加工实验中的 MRR 要远远小于仿真模型的值，一般为一个数量级左右；另一方面，由于电解液的影响，熔化的材料迅速冷却，导致更少的材料离开基体表面，从而 MRR 减小。基于以上讨论分析可知，通过修正分子动力学模型中 MRR 的比例系数，该模型可用于 MRR 与 EF 关系的半定量分析，这也间接证明了本章所建立模型的正确性。

3.4.2　连续脉冲放电材料蚀除热模型实验验证

1. 实验平台

连续脉冲放电材料蚀除热模型的实验在自主研发的精密五轴电火花线切割机床（HK5040）上完成，该设备主要参数如表 3.12 所示。

表 3.12　HK5040 精密五轴电火花线切割机床主要参数表

项目	参数	项目	参数
最大加工尺寸	790 mm×520 mm×300 mm	放电电源回路	Power MOS transistor
最大工件荷重量	500 kg	最大加工电流	25 A
床台行程	400×300 mm	无负载间隙电压	100 V
Z 轴行程	300 mm	切割电源	AC Power
UV 轴行程	100×100 mm	快速移动进给速度	400 mm/min
最高床台进给速度	800 mm/min	手动进给速度	0～400 mm/min
电极丝直径	0.1～0.3 mm	床台最小移动量	0.001 mm
电极丝进给速度	0～15 m/min	最大加工锥度	±15°

图 3.16 为 HK5040 线切割机床实物图，主要包括工作槽、CNC 控制系统、XY 轴移动平台、Z 轴、UV 轴、送丝机构、冷却系统等。

图 3.16　HK5040 线切割机床实物图

2. 实验数据与模型验证

根据表 3.8 的加工参数，其余加工参数还包括脉冲电流 I（10 A）、电极丝张力 T（20 N）、电介质压力 p（0.8 MPa），在实验过程中，不断修正进给速度，得到最佳进给速度；并在最佳进给速度情况下，得到最大 MRR 的实验值；将其与理论值进行对比，对比结果如表 3.13 和图 3.17 所示。

表 3.13　MRR 的理论值和实验值

序号	MRR_{th}/（mm³/min）	最佳进给速度 V_{op}/（mm/min）	MRR_{ex}/（mm³/min）	相对误差
1	6.84	49	6.07	0.13
2	8.40	59	7.36	0.14
3	10.08	71	8.93	0.13

续表

序号	MRR$_{th}$/（mm³/min）	最佳进给速度 V_{op}/(mm/min)	MRR$_{ex}$/（mm³/min）	相对误差
4	11.93	84	10.47	0.14
5	13.62	99	12.37	0.10
6	8.79	27	6.63	0.33
7	10.24	37	9.27	0.10
8	11.95	41	10.35	0.15
9	10.60	31	7.71	0.37
10	7.99	24	6.00	0.33
11	11.01	17	8.43	0.31
12	9.06	18	8.76	0.03
13	10.73	14	6.80	0.58
14	8.35	11	5.41	0.54
15	9.54	17	8.32	0.15
16	9.85	7	8.57	0.15
17	11.46	9	11.05	0.04
18	8.50	5	6.03	0.41
19	10.36	8	9.50	0.09
20	8.82	5	6.33	0.39
21	11.97	4	10.88	0.10
22	8.81	2	6.08	0.45
23	7.88	3	6.91	0.14
24	9.28	4	9.23	0.01
25	11.09	4	9.59	0.16

从表 3.13 中可以得出，MRR 的理论值与实验值的平均相对误差为 21.87%；从图 3.17 可以看出，MRR 的实验值与理论值的变化趋势基本一致。理论值与实验值的误差来源主要包括以下两个方面。

（1）模型误差：①模型假设工件材料蚀除只与热力作用相关，而实际加工过程中，材料蚀除过程涉及光子发射、瞬态电磁场、冲击爆炸、气泡扩展与破裂等因素；②模型假设 t_{num} 连续脉冲放电为均匀无重复放电，且各脉冲放电无相互干扰，而实际加工过程中放电点具有很大的随机性，且各脉冲之间存在相互作用；③模型假设材料冲刷速度只与脉冲电流和脉冲宽度相关，而实际加工过程中，材料冲刷速度还与工件厚度、电极丝速度等因素相关。

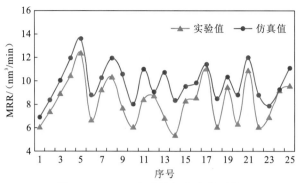

图 3.17 MRR 实验值与仿真值对比

（2）实验误差：①脉冲电源的放电状态会受到自身和环境干扰，脉冲放电状态并不是每次都为火花放电，存在一定的电弧放电，从而降低在实验过程中最佳进给速度的测量值；②在实际加工过程中，材料的不均匀性导致最佳进给速度测量存在误差。

总之，本次建立的连续脉冲放电材料蚀除热模型计算求得的 MRR_{th} 理论值与 MRR_{ex} 实验值存在 21.87% 的平均相对误差，且 MRR 的变化趋势基本一致。可得出相关结论：本次建立的连续脉冲放电材料蚀除热模型基本正确，可为实际加工过程中最佳进给速度的设定提供参考价值。

第 4 章

精密电火花线切割
张力控制技术

第3章建立了精密电火花线切割材料热蚀除模型,研究了材料蚀除过程,以及不同加工参数对 MRR、放电凹坑等的影响,从而可知不同加工参数对加工效率和加工质量的影响机制不同,可通过改变参数或改善加工工艺来提高加工效果。

电极丝张力是电极丝在上、下导轮之间保持直线形状的主要因素,适当增大电极丝张力是提高工件形位精度的措施之一。然而,在实际电火花线切割加工过程中,电极丝受到高频放电力引起的振动、丝筒换向(中走丝线切割)、电极丝损耗、导轮磨损、外界干扰等因素影响。在电火花线切割中,电极丝轨迹尽量接近于直线能够获得更高的形位精度;然而,放电过程涉及多个物理现象,包括电、热、流体、声、光、磁等;电极间隙内的电极丝容易受到多个力的作用,从而产生挠曲变形和振动现象,其中电极丝最大挠曲变形量可达到几十到几百微米,电极丝振动幅值数量级为 10 μm。电极丝挠曲变形和电极丝振动是降低工件形位精度和加工效率的主要原因。

本章将采用精密电火花线切割张力控制工艺,从电极丝张力对加工形位精度的影响出发,通过建立电极丝挠曲变形模型和电极丝振动多物理场耦合模型来揭示其影响机制,并将在此基础上进一步提出恒张力系统辨识以及智能 PID 控制的电极丝恒张力控制系统,以提高加工效果。

4.1　电极丝张力对形位误差的影响机制

在放电加工过程中，电极丝受到脉冲放电力、张力、静电力、电磁力、流体的阻尼作用等，并且每个力的大小、方向均不同。脉冲放电力 F_d 的大小取决于放电加工参数和工件材料，其方向与进给方向相反，脉冲放电力为电极丝挠曲变形和振动的主要原因；张力的大小由系统设定，其方向与电极丝平行，然而，电极丝发生挠曲变形之后，其水平分量的方向与进给方向相同；静电力的大小由电极之间的电势差和脉冲电流决定，主要存在于放电间隙中，表现为吸引力；电磁力 F_m 由通电电极丝的电磁感应效应产生，其大小由脉冲电流和工件材料决定，当工件为铁磁体时，表现为吸引力，当工件为顺磁体时，在电流变化过程中变为排斥力；流体作用的产生是由高压流体喷射过程对电极丝的冲击造成的，可简化为流体阻尼效应。

图 4.1 为直线切割时电极丝受力分析图，由于电极丝的挠曲变形 δ，电极丝 CNC 位置为点 B，而实际位置为点 A，F_t 为电极丝张力水平分量，F_t 的方向与脉冲放电力 F_d 和电磁力 F_m 方向平行。图 4.2 为拐角切割时电极间隙的俯视图，从直线切割通过拐角切割过渡再回到直线切割过程中，切割角经过 $180°→90°→$ 增大 $→180°$ 的变化过程；在变化过程中，电极丝的外部载荷也处于动态变化的过程（陈志，2017）。

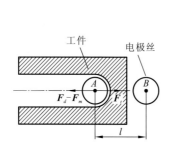

图 4.1　直线切割电极丝受力分析

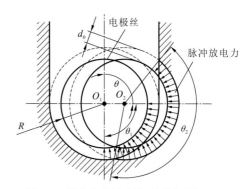

图 4.2　拐角切割电极间隙俯视图

尤其是在切割拐角时，若电极丝张力水平分量 F_t 与脉冲放电力 F_d 和电磁力 F_m 方向不在同一条直线上，则会产生额外的不平衡力 F_s。在不平衡力的作用下，电极丝的挠曲变形和振动行为将发生改变，而且电极丝的实际运动轨迹也不再是一直处于 CNC 轨迹的正后方，而是产生一定的拐角误差。

电极间隙内的电极丝在放电加工过程中容易受到外力的影响，从而在电极丝垂直平面发生高频振动；该电极丝高频振动会像水面上的波纹一样在整个走丝系统上传导、减弱，从而使导轮也发生一定幅度的振动，导致电极丝的张力在走丝系统中也处于瞬间变化的状态。上述电极丝挠曲变形和振动很容易导致放电集中现象，电场强度和电子发射密度会明显增大；此外，放电集中也会影响放电残渣的排出，使电极间隙内发生放电短路回退，从而产生在回退点多次放电，导致加工效率和形位精度降低。

根据上述力学分析可知，若能精准地进行电极丝的张力控制，则可明显降低导轮之间的电极丝挠曲变形并改变电极丝振动；此外，张力在挠曲变形中起重要作用，张力的波动会较大程度引起电极丝的震荡。

4.2　电极丝挠曲变形

4.2.1　影响导轮之间电极丝挠曲变形的因素

电极间隙内电极丝运动状态受到多个力的影响，包括脉冲放电力（F_d）、静电力（F_e）、电磁力（F_m）、电极丝惯性力（F_w）、张力（T），如图 4.3 所示；除受到力学因素的影响外，电极丝运动状态还将受到流体黏性力、阻尼效应、温度场等影响。本小节将详细分析影响导轮之间电极丝挠曲变形的各个因素。

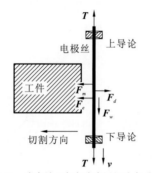

图 4.3　电极间隙内电极丝受力分析

1. 脉冲放电力

电极间隙内的电极丝因火花放电而承受的力统称为脉冲放电力。脉冲放电力包括火花放电反作用力、材料蚀除爆炸力、电介质气泡扩散与破裂力等，其方向与加工进给方向相反，是导致电极丝运动轨迹偏离 CNC 系统设定轨迹的主要因素。根据统计学规律，通常将脉冲放电力假设为均匀作用在电极间隙内的电极丝上，其方向与加工进给方向相反。在前人的研究中，根据实验数据和理论模型，当单个脉冲的放电能量为 1~10 mJ 时，计算得到均布脉冲放电力的大小为 0.1~3 N/m。

2. 静电力与电磁力

静电力为两个静止带电物体之间的相互作用力，方向相互指向对方，它遵从库仑（Coulomb）定律。在 WEDM 中，移动的电极丝与工件之间，在脉冲间隔时产生相互吸引的静电力，其中电极丝所受静电力的方向与加工进给方向相反。图 4.4 为电极丝与工件之间静电场示意图，由于电极丝的直径（180 μm）为放电击穿距离（2~8 μm）的数十倍，

电极丝与工件之间的静电场可视为均匀的平行板静电场（匀强电场），静电力可表示为

$$F_e = \frac{I_{(t)}}{sv_e}\frac{U_{(t)}}{d_0}$$ （4.1）

可以得出静电力 F_e 与放电能量 $U_{(t)}I_{(t)}$ 成正比。

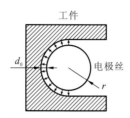

图 4.4　电极丝与工件之间静电场示意图

　　恒定电流沿着轴向方向通过电极丝产生的电磁场磁通量如图 4.5 所示，当加工工件为顺磁体（铜、铝），电介质为空气或水时，根据麦克斯韦方程，产生的电磁场磁通量沿电极丝轴向对称分布，故作用在电极丝上的电磁力合力为零，可忽略；相反，当加工工件为铁磁体（铁、铁合金）时，因工件的电磁感应，工件内的磁通密度明显大于工件外的磁通密度，故作用在电极丝上的电磁合力不为零，表现为吸引力。

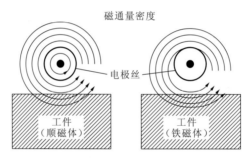

图 4.5　恒定电流产生电磁场的磁通量分布

　　恒定电流产生二维电磁场遵从泊松（Poisson）分布，其表达式为

$$\frac{\partial}{\partial x}\left(\frac{1}{\mu m}\frac{\partial A_z}{\partial x}\right) + \frac{\partial}{\partial y}\left(\frac{1}{\mu m}\frac{\partial A_z}{\partial y}\right) = -J_0 + \sigma_m\frac{\partial A_z}{\partial t} + \frac{\partial \phi_m}{\partial x}$$ （4.2）

式中：A_z 为磁矢势矩阵；μ 为电极间阻尼系数；J_0 为强制电流密度；σ_m 为电导率；ϕ_m 为电势。将公式（4.2）化简得

$$\frac{\partial}{\partial x}\left(\frac{1}{\mu m}\frac{\partial A_z}{\partial x}\right) + \frac{\partial}{\partial y}\left(\frac{1}{\mu m}\frac{\partial A_z}{\partial y}\right) = -J_0 + \sigma_m\frac{\partial A_z}{\partial t} + \frac{\partial \phi_m}{\partial x} = J$$ （4.3）

　　公式（4.2）的边界条件为

$$A\left(\pm\frac{L}{2}, y\right) = 0, \qquad A\left(x, \pm\frac{W}{2}\right) = 0$$ （4.4）

于是有

$$\frac{\partial A\left(\pm\dfrac{L}{2}, y\right)}{\partial y} = 0, \qquad \frac{\partial A\left(x, \pm\dfrac{W}{2}\right)}{\partial x} = 0 \tag{4.5}$$

根据拉普拉斯（Laplace）方程，令 $A_z(x,y) = X(x)Y(y)$，可求得泊松方程的特征函数，再代入边界条件，得恒定电流引起的电磁场理论解为

$$A(x,y) = \mu J \frac{1}{2}\left\{ \left[x^2 - \left(\frac{L}{2}\right)^2 \right] + \sum_{n=0}^{\infty} \frac{(-1)^n 4}{L\beta_n \cosh\dfrac{\beta_n}{2}} \cosh\frac{W\beta_n}{2}\cos\beta_n x \right\} \tag{4.6}$$

式中：

$$\beta_n = \frac{2n+1}{L}\pi \tag{4.7}$$

3. 流体黏性力及阻尼效应

电介质在电极间隙内可视为体积不可压缩的黏性牛顿流体，由于电极丝的直径（180 μm）为放电击穿距离（2~8 μm）的数十倍，电极间隙内电介质流动可近似为两块平板之间的黏性流体运动，包括压力流运动（图 4.6）和剪力流运动（图 4.7）。

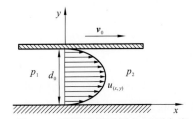

图 4.6　黏性流体平板之间压力流

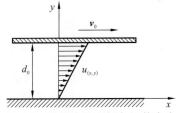

图 4.7　黏性流体平板之间剪力流

根据体积守恒定律和动量守恒定律

$$\frac{\partial u}{\partial x} + \frac{\partial u}{\partial y} + \frac{\partial u}{\partial z} = 0 \tag{4.8}$$

$$\frac{\partial u}{\partial t} + u\frac{\partial u}{\partial x} + v\frac{\partial u}{\partial y} + w\frac{\partial u}{\partial z} = -\frac{1}{\rho_0}\frac{\partial p}{\partial x} + v\left(\frac{\partial^2 u}{\partial x^2} + \frac{\partial^2 u}{\partial y^2} + \frac{\partial^2 u}{\partial z^2}\right) \tag{4.9}$$

计算得到电介质质点的流动速度和作用在电极丝上的黏性力分别为

$$u_y = \frac{v}{2d_0}(y + d_0) - \frac{1}{2\mu_0}\frac{\partial p}{\partial x}(d_0^2 - y^2) \tag{4.10}$$

$$\tau_h = \mu_0\left(\frac{v}{2d_0} + \frac{1}{\mu_0}\frac{\partial p}{\partial x}d_0\right) \tag{4.11}$$

与此同时，电介质的黏度系数可通过下式求得：

$$\mu_0 = \frac{0.017\,79}{1 + 0.033\,68T_c + 0.000\,221\,0T_c^2} \tag{4.12}$$

根据上述分析可以得出，电极丝在电极间隙内所受的流体黏性力阻碍电极丝的轴向运动，方向与电极丝张力方向相反。通过数值计算，当电介质温度为 20~1 000 ℃，电

极丝速度为 10 m/s，流体压力为 1 MPa，放电击穿距离为 4 μm 时，电极丝所承受的流体黏性力大小为 0.1～0.5 N，与电极丝张力（10～30 N）相比比较微弱，可忽略。

在电极间隙内，由于放电时间非常短，电极间隙内的深宽比较大，电介质冲刷不充分，电介质中同时存在水、带电粒子、冲击抛出材料、再结晶材料等，电介质处于高温、受冲击的复杂运动状态。本章将电介质对电极丝挠曲变形的作用集中在电极间隙的阻尼系数。

4. 温度场影响

电火花线切割加工中由于短时间内的强电流脉冲放电，电极间隙内吸收大量的热量，而流体冲刷不及时，导致电极间隙内的电极丝温度不均匀升高，改变电极丝的物理性能，从而影响电极丝的运动状态。电极间隙内的热源分布如图 4.8 所示。

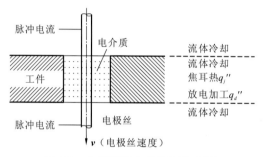

图 4.8 电极间隙内的热源分布图

电极间隙内的温度场对电极丝运动状态的影响包括颗粒-流体混合物的运动、电介质的黏性系数、电极丝的物理性能［抗拉强度、杨氏（Yong）模量、屈服强度、断裂强度等］，其中电极丝的杨氏模量与电极丝的刚度直接相关，对电极丝的运动状态影响最大。当温度从 0 ℃升高到 1 600 ℃时，钼丝的杨氏模量随温度变化曲线如图 4.9 所示。当温度升高到 600 ℃时，电极丝的杨氏模量只有常温的 75% 左右。

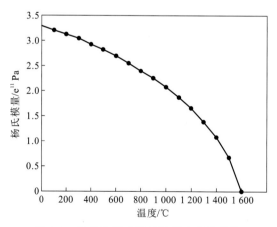

图 4.9 钼丝的杨氏模量随温度变化曲线

4.2.2　导轮之间电极丝挠曲变形建模

1. 导轮之间电极丝挠曲变形模型结构

根据 WEDM-MS 走丝原理，导轮之间电极丝挠曲变形示意图如图 4.10 所示。不考虑电极丝振动，导轮与工件之间的电极丝受到外界影响较少，可简化为一条直线；电极间隙内的电极丝可假设为弯曲简支梁单元，电极间隙内电极丝弯曲简支梁模型如图 4.11 所示。为了方便建立模型，现作如下简化：

（1）工件对称安装在上、下导轮之间；

（2）电极丝的张力保持恒定，电极丝的密度均匀分布；

（3）不考虑外界环境干扰。

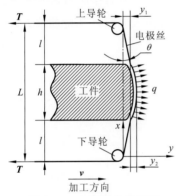
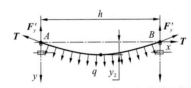

图 4.10　电极丝挠曲变形　　　图 4.11　电极间隙内电极丝弯曲简支梁模型

如图 4.11 所示，点 A 和点 B 分别为工件的上、下边缘，电极丝在点 A 和点 B 处受简支约束，仅有横向变形，没有垂直移动。电极丝点 A 和点 B 所受力大小 $F_y' = \dfrac{qh}{2}$，方向沿 y 轴负方向。根据经典二维弦线振动方程，电极丝的运动状态满足

$$T\frac{\partial^2 y}{\partial x^2} - E_{(T)}I\frac{\partial^4 y}{\partial^4 x} = \rho S\frac{\partial^2 y}{\partial t^2} + \mu\frac{\partial y}{\partial t} + q(x,t) \qquad (4.13)$$

式中：$T\dfrac{\partial^2 y}{\partial x^2}$ 为由电极丝张力引起的弯曲力；$E_{(T)}I\dfrac{\partial^4 y}{\partial^4 x}$ 为由电极丝刚度引起的阻碍电极丝变形的分量；$\rho S\dfrac{\partial^2 y}{\partial t^2}$ 为电极丝的惯性力，其方向与张力方向相同，且其大小远小于张力，$\mu\dfrac{\partial y}{\partial t}$ 为电介质的阻尼效应，阻尼效应主要体现在电极丝的振动状态；$q(x,t)$ 为外界载荷。

2. 导轮之间电极丝挠曲变形模型求解

当电极丝在电极间隙只受到沿电极丝轴向均布的脉冲放电力时，电极丝的挠曲线差分方程为

$$E_{(T)}I\frac{\partial y}{\partial x}=\frac{1}{6}qx^3-\frac{1}{4}qhx^2+\frac{1}{24}qh^3 \tag{4.14}$$

$$E_{(T)}Iy=\frac{1}{24}qx^4-\frac{1}{12}qhx^3+\frac{1}{24}qh^3x \tag{4.15}$$

最大的挠曲变形 $y_{\max}$ 在电极丝中点 $x=\frac{h}{2}$ 取得，最大的弯曲角度 $\theta_{\max}$ 在工件上、下表面（$x=0$，$x=h$）取得，即

$$y_{\max}=\frac{5qh^4}{384E_{(T)}I} \tag{4.16}$$

$$\theta_{\max}=\pm\frac{qh^3}{24E_{(T)}I} \tag{4.17}$$

从公式（4.15）可以看出，当电极丝仅受均布脉冲放电力作用时，其挠曲线方程为关于 x 的四次曲线。假设当电极丝受均布脉冲放电力和张力时，其挠曲线方程也为关于 x 的四次曲线，即

$$y=ax^4+bx^3+cx^2+dx+e \tag{4.18}$$

根据对称性，最大的挠曲变形 $y_{\max}$ 将在电极丝中点 $x=\frac{h}{2}$ 取得，最大的弯曲角度 $\theta_{\max}$ 在工件上、下表面（$x=0$，$x=h$）取得。

所以电极丝挠曲线方程的边界条件如下：

（1）若 $x=0$，$y=0$，则 $\frac{\partial^2 y}{\partial x^2}=0$；

（2）若 $x=h$，$y=0$，则 $\frac{\partial^2 y}{\partial x^2}=0$；

（3）若 $x=\frac{h}{2}$，则 $y=y_2=y_{\max}$。

根据电极丝挠曲线方程假设和边界条件，可将公式（4.18）变形为

$$y=ax^4-2ahx^3+ah^3x=\frac{16y_2x^4}{5h^4}-\frac{32y_2x^3}{5h^3}+\frac{16y_2x}{5h} \tag{4.19}$$

$$\frac{\partial y}{\partial x}=4ax^3-6ahx^2+ah^3 \tag{4.20}$$

如图 4.12 所示，对电极丝微小单元进行力和力矩分析，则该单元的弯曲力矩为

$$dM=-T(4ax^3-6ahx^2+ah^3)dx+qx \tag{4.21}$$

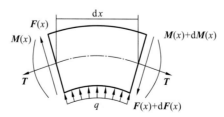

图 4.12　电极丝微小单元力和力矩分析

根据边界条件，经过四次积分过程得到电极间隙内电极丝挠曲线方程为

$$E_{(T)}Iy = \frac{8y_2Tx^6}{75h^4} - \frac{8y_2Tx^5}{25h^3} + \frac{8y_2Tx^3}{15h} - \frac{8y_2Thx}{25} + \frac{1}{24}qx^4 - \frac{1}{12}qhx^3 + \frac{1}{24}qh^3x \qquad (4.22)$$

在电极丝中点 $x = \dfrac{h}{2}$ 取得 $y_{\max}$，即

$$y = y_2 = \frac{125qh^4}{9\,600E_{(T)}I + 976Th^2} \qquad (4.23)$$

在工件上、下表面取得 $\theta_{\max}$，即

$$\theta_{\max} = \frac{\partial y}{\partial x_{(\max)}} = \frac{qh^3}{24E_{(T)}I} - \frac{5qTh^5}{1\,200E_{(T)}^2I^2 + 122E_{(T)}ITh^2} \qquad (4.24)$$

在不考虑电极丝振动的情况下，导轮与工件之间的电极丝可认为是一条直线，则导轮与工件之间电极丝的偏移量为

$$y_1 = l\theta_{\max} = \frac{qlh^3}{24E_{(T)}I} - \frac{5qTlh^5}{1\,200E_{(T)}^2I^2 + 122E_{(T)}ITh^2} \qquad (4.25)$$

4.2.3　电极丝挠曲变形模型验证与分析

1. 实验对象及方法

本小节实验在自主研发 LC540A 中走丝线切割机床上完成。本次实验采用直径为 0.18 mm 的钼丝作为电极丝加工厚度为 20 mm 的 SKD-11（Cr12MoV）合金钢。SKD-11 为国际知名空冷硬化冷作模具钢，由于其机械强度高、可加工性能和高温力学性能好，在金属（铝、锌等）铸造模和锻造模中有着广泛的应用，在塑料注塑模具、拉刀、锯刀等应用领域也有着重要的地位。

在本次验证性实验中，采用 100 V 脉冲电压加工 20 mm 厚的 SKD-11 钢板，工件击穿间隙（d_1）20 μm，切缝宽度 220 μm 左右，这意味着电极丝横向振动在加工厚度较大的工件时可忽略不计。电火花线切割均布脉冲放电力可近似地视为正比例与放电能量，在电火花线切割中，放电能量全部由高频脉冲电源提供，放电电压和放电电流均为高频脉冲信号，放电能量定量计算如下：

$$E_{(t)} = \int_0^{t_p} U_{(t)} \times I_{(t)} \times \mathrm{d}t \qquad (4.26)$$

当放电电压、脉冲宽度、脉冲间隔保持恒定时，均布脉冲放电力的大小正比于脉冲放电电流，即

$$q = k_q I_{(t)} \qquad (4.27)$$

由于电火花线切割电极丝的挠曲变形幅值数量级为微米级，为了精确测量挠曲变形的大小，专门设计实验方法，具体步骤如下。

（1）将工件对称安装在上、下导轮之间，调节伺服系统的 UV 电机，使电极丝垂直于工件平面。

（2）如图 4.13 所示，沿着 L_1 方向粗加工和精加工一个参考平面，使电极丝与该参考平面平行，且 x 轴上的工件宽度为 5 mm；L_2 方向（−x 方向）加工过程中，电极丝在导轮处的挠曲变形（y_0）与在工件和导轮之间挠曲变形分量（y_1）方向相同；反之，L_3 方向（+x 方向）加工过程中，电极丝在导轮处的挠曲变形（y_0）与在工件和导轮之间挠曲变形分量（y_1）方向相反。

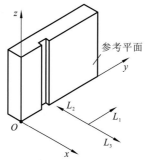

图 4.13　电极丝挠曲变形测量实验切割方向示意图

（3）实验组基本加工参数为脉冲电压 100 V，脉冲宽度 50 μs，脉冲间隔 250 μs，电极丝速度 10 m/s，跟踪系数 45；其余变化参数如表 4.1 所列的加工参数组所示。

表 4.1　测量实验加工参数组

序号	$I_{(t)}$/A	T/N	h/m	l/m	切割方向
1	1	20	0.02	0.05	L_2
2	2	20	0.02	0.05	L_2
3	3	20	0.02	0.05	L_2
4	4	20	0.02	0.05	L_2
5	5	20	0.02	0.05	L_2
6	1	20	0.02	0.05	L_3
7	2	20	0.02	0.05	L_3
8	3	20	0.02	0.05	L_3
9	4	20	0.02	0.05	L_3
10	5	20	0.02	0.05	L_3
11	2	10	0.02	0.05	L_2
12	2	15	0.02	0.05	L_2
13	2	25	0.02	0.05	L_2
14	2	30	0.02	0.05	L_2

续表

序号	$I_{(t)}$/A	T/N	h/m	l/m	切割方向
15	2	20	0.01	0.05	L_2
16	2	20	0.03	0.05	L_2
17	2	20	0.04	0.05	L_2
18	2	20	0.02	0.03	L_2
19	2	20	0.02	0.04	L_2
20	2	20	0.02	0.06	L_2

（4）在 1～5 和 11～20 组实验中，以坐标（0,5.000,0）为加工起点，控制系统给出沿 L_2 方向（$-x$ 方向）进给 4 mm 的信号，当加工完成 3 mm 距离时，突然切断机床电源，此时电极丝的挠曲变形与电极间隙垂直方向的形状一致；在参考平面的背面，以坐标（-5.000,5.090,0）为加工起点，沿 L_3 方向，将工件切断。由于 L_2 方向（$-x$ 方向）加工过程中，电极丝在导轮处的挠曲变形（y_0）与在工件和导轮之间挠曲变形分量（y_1）方向相同，则 1～5 和 11～20 组实验在工件边缘的偏移量即为 $y_0 + y_1$。

（5）在 6～10 组实验中，以坐标（0,5.000,0）为加工起点，控制系统给出沿 L_3 方向（$+x$ 方向）进给 4 mm 的信号，当加工完成 3 mm 距离时，突然切断机床电源，此时电极丝的挠曲变形与电极间隙垂直方向的形状一致；在参考平面的背面，以坐标（$+5.000$,5.090,0）为加工起点，沿 L_2 方向，将工件切断。由于 L_3 方向（$+x$ 方向）加工过程中，电极丝在导轮处的挠曲变形（y_0）与在工件和导轮之间挠曲变形分量（y_1）方向相反，1～5 组和 11～20 组实验在工件边缘的偏移量即为 $|y_1 - y_0|$。

（6）采用基恩士 VH-Z500R 电子显微镜进行放电边缘尺寸的测量，放大倍率为 400 倍，沿着工件的 z 轴方向，每隔 1 mm 测量放电边缘与参考平面的距离，其中第 4 组测量图如图 4.14 所示。

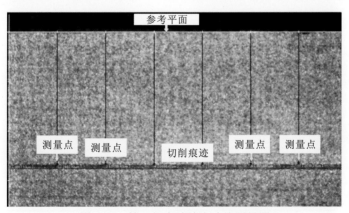

图 4.14　第 4 组实验放电边缘测量图

根据上述实验方法，20 组实验测量结果如表 4.2 和表 4.3 所示。

表 4.2　1～10 组实验测量结果

组数	实验组									
	1	2	3	4	5	6	7	8	9	10
1	2 870	2 774	2 650	2 605	2 510	2 959	2 890	2 762	2 701	2 647
2	2 872	2 776	2 640	2 604	2 512	2 957	2 891	2 760	2 695	2 645
3	2 866	2 772	2 647	2 597	2 503	2 958	2 885	2 761	2 698	2 643
4	2 864	2 768	2 649	2 593	2 501	2 959	2 887	2 761	2 699	2 639
5	2 865	2 766	2 645	2 580	2 496	2 954	2 886	2 755	2 684	2 633
6	2 860	2 769	2 637	2 589	2 493	2 955	2 884	2 758	2 694	2 627
7	2 861	2 765	2 635	2 587	2 495	2 953	2 882	2 753	2 686	2 629
8	2 863	2 763	2 638	2 584	2 498	2 952	2 878	2 747	2 684	2 624
9	2 862	2 764	2 634	2 585	2 490	2 951	2 880	2 750	2 680	2 620
10	2 862	2 766	2 631	2 583	2 487	2 953	2 878	2 742	2 673	2 623
11	2 864	2 761	2 62 5	2 585	2 485	2 954	2 880	2 745	2 677	2 621
12	2 863	2 762	2 630	2 587	2 491	2 952	2 879	2 751	2 685	2 628
13	2 862	2 765	2 634	2 583	2 490	2 953	2 885	2 746	2 683	2 635
14	2 861	2 763	2 632	2 585	2 496	2 955	2 882	2 748	2 684	2 638
15	2 864	2 768	2 636	2 587	2 498	2 954	2 881	2 753	2 690	2 642
16	2 865	2 758	2 639	2 599	2 495	2 957	2 883	2 780	2 694	2 630
17	2 863	2 774	2 637	2 594	2 497	2 959	2 885	2 754	2 693	2 647
18	2 865	2 779	2 640	2 598	2 502	2 963	2 884	2 753	2 697	2 652
19	2 868	2 778	2 648	2 603	2 500	2 961	2 879	2 755	2 695	2 650
20	2 866	2 780	2 647	2 601	2 511	2 960	2 886	2 759	2 703	2 653
$y_0 + y_1/\mu m$	132	223	352	395	438	—	—	—	—	—
$\|y_1 - y_0\|/\mu m$	—	—	—	—	—	40	112	240	299	329
$y_2/\mu m$	6	10	17	22	27	6	9	16	24	29

表 4.3　11~20 组实验测量结果

组数	实验组									
	11	12	13	14	15	16	17	18	19	20
1	2 643	2 700	2 783	2 797	2 880	2 498	1 990	2 821	2 787	2 747
2	2 641	2 701	2 781	2 795	2 881	2 489	1 987	2 822	2 786	2 745
3	2 639	2 698	2 780	2 796	2 879	2 494	1 985	2 820	2 780	2 746
4	2 635	2 694	2 781	2 793	2 878	2 493	1 980	2 817	2 784	2 743
5	2 637	2 690	2 778	2 791	2 875	2 490	1 983	2 815	2 783	2 742
6	2 639	2 692	2 773	2 792	2 877	2 485	1 975	2 817	2 780	2 741
7	2 630	2 686	2 779	2 794	2 878	2 483	1 974	2 816	2 781	2 740
8	2 628	2 685	2 775	2 793	2 876	2 480	1 970	2 813	2 780	2 742
9	2 630	2 687	2 771	2 792	2 874	2 482	1 965	2 815	2 782	2 737
10	2 626	2 684	2 770	2 790	2 879	2 481	1 964	2 810	2 778	2 739
11	2 629	2 683	2 772	2 787	—	2 480	1 970	2 814	2 779	2 743
12	2 630	2 685	2 773	2 792		2 475	1 963	2 812	2 781	2 741
13	2 635	2 682	2 771	2 794	—	2 476	1 962	2 819	2 780	2 742
14	2 637	2 680	2 774	2 792	—	2 472	1 957	2 815	2 783	2 746
15	2 642	2 683	2 776	2 790	—	2 471	1 958	2 817	2 784	2 745
16	2 641	2 685	2 770	2 792	—	2 474	1 954	2 819	2 787	2 747
17	2 647	2 680	2 774	2 790	—	2 475	1 953	2 822	2 785	2 744
18	2 645	2 687	2 773	2 793	—	2 479	1 951	2 828	2 793	2 748
19	2 649	2 688	2 780	2 792	—	2 477	1 954	2 826	2 790	2 751
20	2 647	2 692	2 775	2 790	—	2 479	1 953	2 827	2 791	2 750
21	—	—	—	—	—	2 480	1 955	—	—	—
22	—	—	—	—	—	2 485	1 957	—	—	—
23	—	—	—	—	—	2 482	1 962	—	—	—
24	—	—	—	—	—	2 484	1 958	—	—	—
25	—	—	—	—	—	2 487	1 959	—	—	—
26	—	—	—	—	—	2 489	1 962	—	—	—
27	—	—	—	—	—	2 490	1 964	—	—	—

组数	实验组									
	11	12	13	14	15	16	17	18	19	20
28	—	—	—	—	—	2 497	1 969	—	—	—
29	—	—	—	—	—	2 495	1 967	—	—	—
30	—	—	—	—	—	2 496	1 968	—	—	—
31	—	—	—	—	—	—	1 972	—	—	—
32	—	—	—	—	—	—	1 978	—	—	—
33	—	—	—	—	—	—	1 980	—	—	—
34	—	—	—	—	—	—	1 982	—	—	—
35	—	—	—	—	—	—	1 984	—	—	—
36	—	—	—	—	—	—	1 993	—	—	—
37	—	—	—	—	—	—	1 988	—	—	—
38	—	—	—	—	—	—	1 989	—	—	—
39	—	—	—	—	—	—	1 995	—	—	—
40	—	—	—	—	—	—	1 998	—	—	—
$y_0+y_1/\mu m$	355	304	220	202	120	503	1 006	176	210	250
$y_2/\mu m$	18	12	9	8	5	24	46	11	12	10

2. 模型验证与对比

本小节根据实验结果数据，采用反求算法和非线性最小二乘法曲线拟合，定量求得了脉冲放电力 q 与放电电流 $I_{(t)}$ 的系数 k_q，并验证了电极丝挠曲变形理论模型的可靠性。假设电极丝的挠曲变形（y_1 和 y_2）与加工参数的实际模型分别为

$$y_2 = \frac{k_1 I_{(t)} h^4}{k_2 E_{(T)} I + k_3 T h^2} \tag{4.28}$$

$$y_1 = \frac{k_4 I_{(t)} l h^3}{E_{(T)} I} - \frac{k_5 I_{(t)} T l h^5}{k_6 (E_{(T)} I)^2 + k_7 E_{(T)} I T h^2} \tag{4.29}$$

根据 20 组实验数据，采用非线性最小二乘法曲线拟合，得到电极丝的挠曲变形（y_1 和 y_2）的拟合模型为

$$y_2' = \frac{298 I_{(t)} h^4}{29\,649 E_{(T)} I + 1\,006.5 T h^2} \tag{4.30}$$

$$y_1' = \frac{0.1163 I_{(t)}lh^3}{E_{(T)}I} - \frac{10.6914 I_{(t)}Th^5}{571.18(E_{(T)}I)^2 + 93.46E_{(T)}ITh^2} \tag{4.31}$$

将拟合模型与实验数据进行对比，得到电极丝导轮与工件之间的挠曲变形（y_1）和电极间隙内挠曲变形（y_2）拟合模型的误差分别为 9.30%和 10.48%，由此可知本次提出的电极丝挠曲变形拟合模型是可靠的。

根据电极丝挠曲变形的理论模型和拟合模型，可定量求得脉冲放电力 q 与放电电流 $I(t)$ 的系数 k_q 为 2.315 N/（m·A）。将系数 k_q 代入理论模型，根据实验参数，求得电极丝的挠曲变形（y_1 和 y_2）；再将计算值与实验数据进行对比，得到电极丝导轮与工件之间的挠曲变形（y_1）和电极间隙内挠曲变形（y_2）理论模型的误差分别为 10.11%和 12.12%。由此可证明本次建立的电极丝挠曲变形（y_1 和 y_2）模型是合理且可靠的。

进一步将所建模型结果与文献中采用圆弧模拟电极丝的运动状态来计算电极丝挠曲变形（Luo，1999）以及采用抛物线模拟方法（Puri and Bhattacharyya，2003；Dauw and Beltrami，1994）进行对比，得到电极丝运动轨迹。本小节采用反求算法与最小二乘曲线拟合相结合的方法：首先假设与文献研究相对应的拟合模型；然后根据实验数据对拟合模型中的待定系数进行定量计算；再将该拟合模型与理论模型进行对比，定量计算脉冲放电力 q 与放电电流 $I_{(t)}$ 的系数 k_q；接下来将系数 k_q 代入理论模型进行计算；最后将理论模型的计算值与实验值进行对比。三个理论模型与每组实验数据的对比如图 4.15 和表 4.4 所示。从图 4.15 和表 4.4 可得出两个结论：①实验数据与三个理论模型的变化趋势基本一致，证明三个理论模型均具有一定的可靠性；②与文献提出的模型相比，本次研究提出的理论模型与实验数据更接近，相对误差更小，尤其体现在导轮与工件之间的电极丝挠曲变形，相对误差从 75%降低到 10.1%。根据以上分析，可证明本次研究提出的导轮间电极丝挠曲变形（y_1 和 y_2）理论模型具有较高的可靠性，且相比文献中的理论模型，本次研究提出的理论模型精度更高。

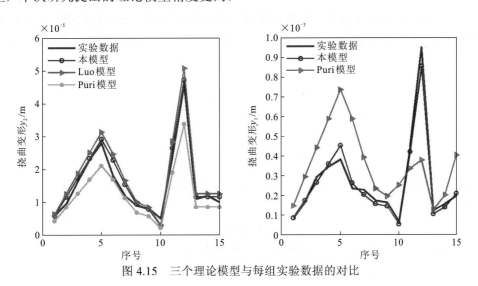

图 4.15　三个理论模型与每组实验数据的对比

表 4.4 三个理论模型与实验数据的对比

项目	本模型 y_1	本模型 y_2	Luo 模型 y_2	Puri 和 Bhattacharyya 模型 y_2	Puri 和 Bhattacharyya 模型 y_1
挠曲变形	y_1	y_2	y_2	y_2	y_1
理论模型	$\dfrac{qlh^3}{24E_{(T)}I}-\dfrac{5qTlh^5}{1\,200(E_{(T)}I)^2+122E_{(T)}ITh^2}$	$\dfrac{125qh^4}{9\,600E_{(T)}I+976Th^2}$	$\dfrac{qh^4}{384E_{(T)}I/5+8Th^2}$	$\dfrac{qh^2}{8T}$	$\dfrac{q}{2T}l(h+l)$
拟合模型	$\dfrac{0.116\,3I_{(t)}qlh^3}{E_{(T)}I}-\dfrac{10.691\,4I_{(t)}Tlh^5}{571.18(E_{(T)}I)^2+93.46E_{(T)}ITh^2}$	$\dfrac{298I_{(t)}h^4}{29\,649E_{(T)}I+1\,006.5Th^2}$	$\dfrac{298I_{(t)}h^4}{29\,649E_{(T)}I+1\,006.5Th^2}$	$\dfrac{0.278\,3I_{(t)}h^2}{T}$	$0.593\,1\dfrac{I_{(t)}}{T}l(h+l)$
系数 k_q/[N/(m·A)]	2.315	—	2.372	—	1.688 3
拟合平均误差/%	9.30	10.48	10.48	10.50	39.02
模型平均误差/%	10.11	12.12	18.50	23.74	75.20

4.3　电极丝振动方程

4.3.1　电极丝三维温度场建模

电火花线切割加工在超短的时间内发生剧烈的脉冲放电，产生大量的热量使工件材料以高温电腐蚀、蒸发、熔化等方式离开工件表面，随后被高压电介质冲走。与此同时，电极间隙内的热量会引起电极丝温度不均匀分布，使电极丝承受不均匀的热应力，物理特性发生改变，从而影响其运动状态。

本小节将根据经典热力学模型，建立电极丝三维温度场模型，为了方便建模，做如下简化：

（1）电极丝浸在无限的电介质中，且对流传热系数只与电介质的压力相关；

（2）外界环境温度 T_{ref} 保持在恒定的 20℃，电介质的压力为 0.8 MPa；

（3）工件对称安装在上、下导轮之间；

（4）由于脉冲放电点的随机分布，电极丝在 xOy 平面内吸收热量相同，即电极丝温度的偏导 $\dfrac{\partial T_w}{\partial x} = \dfrac{\partial T_w}{\partial y} = 0$。

电极丝温度场结构示意图如图 4.16 所示。

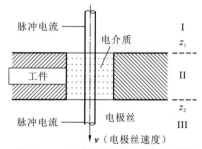

图 4.16　电极丝温度场结构示意图

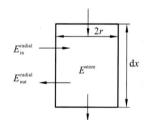

图 4.17　电极丝微元 dz 热平衡分析

通过上述假设，分析电极间隙内的电极丝微元 dz 的热输入和热输出、电极丝微元 dz 热平衡分析如图 4.17 所示，主要包括热源输入、热对流、热传导、升温吸热（Chen et al., 2015）。

1. 热源输入

电极丝微元 dz 热源输入主要来自吸收脉冲放电的能量，微元 dz 最大吸收脉冲放电的能量为

$$Q_0 = \frac{dz}{h} \int_0^{t_p} U_{(t)} I_{(t)} dt \tag{4.32}$$

然而，在脉冲放电能量 Q_0 中，只有小部分热量 Q_1 被电极丝吸收，其余热量以多种形式分布，包括电极间隙吸收热量、工件吸收热量、光子辐射等。本次研究电极丝吸收热量

占总能量的系数 f_w 取值 0.012，电极丝吸收的能量为

$$Q_1 = f_w \frac{\mathrm{d}z}{h} \int_0^{t_p} U_{(t)} I_{(t)} \mathrm{d}t \qquad (4.33)$$

2. 热对流

电极丝在上、下丝嘴之间以速度 v 运动的同时，也与喷射的电介质发生了相对运动，且喷射的速度远大于电极丝的速度。故电极丝吸收的热量有一部分以对流的方式被电介质带走，对流带走热量的表达式为 $h_0 C_w \mathrm{d}z(T_w - T_{\mathrm{ref}})$。

3. 热传导

在上、下丝嘴之间，只有电极间隙内的电极丝吸收热量，且电极丝以轴向速度 v 运动，导致其在轴向产生温度梯度，从而在电极丝内部发生热量以热传导方式的轴向扩散，热传导扩散热量的表达式为 $-k_w S \frac{\partial T_w}{\partial z}$。

4. 升温吸热

剩下的热量储存在电极丝内部，使电极丝温度升高，从而产生不均匀的热应力。温度升高吸收的热量表达式为 $\rho C_p S \mathrm{d}z \frac{\partial T_w}{\partial t}$。

根据热力学理论，电极丝微元 $\mathrm{d}z$ 的热输入与热输出处于平衡状态，电极丝微元 $\mathrm{d}z$ 热平衡方程为

$$E_{\mathrm{in}}^{\mathrm{radial}} - E_{\mathrm{out}}^{\mathrm{radial}} + E_{\mathrm{in}}^{\mathrm{axial}} - E_{\mathrm{out}}^{\mathrm{axial}} - E^{\mathrm{store}} = 0 \qquad (4.34)$$

$$f_w Q_0 - h_0 C_w \mathrm{d}z(T_w - T_{\mathrm{ref}}) - k_w S \frac{\partial T_w}{\partial z}(z) + k_w S \frac{\partial T_w}{\partial z}(z + \mathrm{d}z) - \rho C_p S \mathrm{d}z \frac{\partial T_w}{\partial t} = 0 \qquad (4.35)$$

式中：电极丝速度 v 可表示为 $\frac{\partial z}{\partial t}$，令 $C_1 = \frac{\rho C_p v}{k_w}$，$C_2 = \frac{C_w h_0}{S k_w}$，$C_3 = \frac{f_w}{h S k_w}$，则有

$$\frac{\partial^2 T_w}{\partial z^2} - C_1 \frac{\partial T_w}{\partial z} - C_2 T_w = C_3 Q_0 \qquad (4.36)$$

由于电极间隙内（区域 II）与电极间隙外（区域 I 和区域 III）电极丝所处的流体环境不一样，对流传热系数不同。令电极间隙内（区域 II）对流传热系数为 h_1，电极间隙内（区域 I 和区域 III）对流传热系数为 h_2。导轮之间的电极丝只在电极间隙内吸收热量，因此电极丝吸收热量占总能量的系数 f_w 只在区域 II 中取值 0.012，而在区域 I 和区域 III 中取值为 0。

公式（4.36）为二阶常微分方程，其通解为

$$T_{w(z)} = \begin{cases} C_4 \mathrm{e}^{r_1 z}, & \text{在区域 I、III 内} \\ C_5 \mathrm{e}^{r_2 z} + C_3 Q_0, & \text{在区域 II 内} \end{cases} \qquad (4.37)$$

由于区域 II 与区域 I 和区域 III 的对流传热系数不同，系数 r_1 和 r_2 分别为

$$r_{11,12} = \frac{1}{2}\left(C_1 \pm \sqrt{C_1^2 + 4C_{21}}\right) \quad \text{（在区域 I、III 内）} \qquad (4.38)$$

$$r_{21,22} = \frac{1}{2}\left(C_1 \pm \sqrt{C_1^2 + 4C_{22}}\right) \quad （在区域 II 内） \tag{4.39}$$

导轮之间的电极丝温度分布分别为

$$T_{w(z)}^{I} = C_6 \mathrm{e}^{I_{11}z} \quad\quad\quad （在区域 I 内） \tag{4.40}$$

$$T_{w(z)}^{II} = C_7 \mathrm{e}^{I_{21}z} + C_8 \mathrm{e}^{r_{22}z} + C_3 Q_0 \quad （在区域 II 内） \tag{4.41}$$

$$T_{w(z)}^{III} = C_9 \mathrm{e}^{r_{12}z} \quad\quad\quad （在区域 III 内） \tag{4.42}$$

通过边界条件

$$\begin{cases} T_{w(z_1)}^{I} = T_{w(z_1)}^{II} \\[6pt] T_{w(z_2)}^{II} = T_{w(z_2)}^{III} \\[6pt] \dfrac{\partial T_{w(z_1)}^{I}}{\partial z} = \dfrac{\partial T_{w(z_1)}^{II}}{\partial z} \\[6pt] \dfrac{\partial T_{w(z_2)}^{II}}{\partial z} = \dfrac{\partial T_{w(z_2)}^{III}}{\partial z} \end{cases} \tag{4.43}$$

可求得系数 C_6、C_7、C_8、C_9。式中：参数 z_1 和 z_2 分别为工件上、下表面的 z 坐标。

本次温度场计算采用直径为 0.25 mm 的铜丝作为电极丝，为了得到在确定加工条件下电极丝的温度分布，基本参数如表 4.5 所示。

表 4.5　电极丝温度场的基本参数

符号	物理意义	值	单位
k_w	导热系数	401	W/（m·K）
C_p	比热容	385	J/（kg·K）
ρ	电极丝密度	8.96×10^3	kg/m^3
α	热膨胀系数	2.0×10^{-5}	1/K
ρ_e	导电率	1.75×10^{-8}	Ω·m
h_1（区域 II）	区域 II 对流传热系数	2.41×10^4	W/（m^2·K）
h_2（区域 I 和区域 III）	区域 I 和区域 III 对流传热系数	1.74×10^4	W/（m^2·K）
L	导轮跨度	15	mm
$I_{(t)}$	脉冲电流	10	A
p	电介质压力	0.8	MPa
r	电极丝半径	0.125	mm
h	工件厚度	0.5~2.0	mm
$U_{(t)}$	脉冲电压	30~50	V
v	电极丝速度	0~2.0	m/s
k_p	占空比	0.40~0.60	—

4.3.2　电极丝三维磁场建模

电极丝周围产生电磁场主要是因为脉冲电源给放电加工提供了高频脉冲电流，根据实际脉冲电流波形测量，可将脉冲电流波形简化如图4.18所示。从图中可以看出，单个脉冲电流的波形类似于一个梯形，电流在很短的时间（1 μs）内增大到最大值，稳定一段时间（脉冲时间）后，会在很短的时间（1 μs）内减小到 0 A。

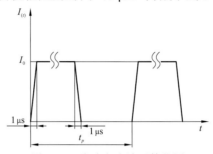

图 4.18　脉冲电流波形简化图

本小节根据经典电磁场理论——安培定律建立电极丝三维电磁场模型，其中电极丝电磁场三维和二维结构模型分别如图 4.19 和图 4.20 所示。根据实验结果及文献结论，在单个脉冲时间内，放电点为一个。假设放电电流从加工工件通过放电点，放电点上段与下端电极丝通过的电流相同，则可认为电极丝周围的电磁场关于放电点上下对称。根据安培定律，放电点上、下的电极丝所承受的电磁力的方向是一致的。

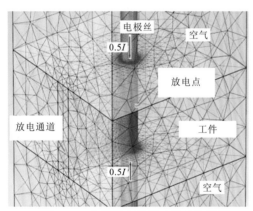

图 4.19　电极丝电磁场三维结构模型

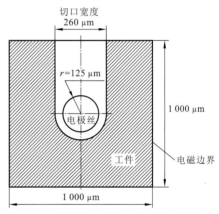

图 4.20　电极丝电磁场二维结构模型

单个脉冲电流产生的电磁场属于静磁场，安培定律静磁场电流方程为

$$J = \sigma_m v \times B + J_e \tag{4.44}$$

$$J_e = \frac{1}{s} \tag{4.45}$$

根据磁矢势的定义

$$B = \nabla \times A \tag{4.46}$$

磁场强度与磁感应强度的关系为

$$B = \mu_0^{-1} \mu_r^{-1} (H + M) \tag{4.47}$$

安培定律静磁场电流方程变形为

$$\nabla \times (\mu_0^{-1}\mu_r^{-1}\nabla \times A - M) - \sigma_m v \times (\nabla \times A) = J_e \tag{4.48}$$

态安培定律电流方程为

$$\sigma_m \frac{\partial A}{\partial t} + \nabla \times (\mu_0^{-1}\mu_r^{-1}\nabla \times A - M) - \sigma_m v \times (\nabla \times A) = J_e \tag{4.49}$$

4.3.3　电极丝振动多物理场耦合模型

1. 模型建立

电极间隙内电极丝振动是一个复杂的过程，受到多个物理场的影响，包括固体力学（弦线振动）、电磁场、温度场、流体运动场。本小节将以固体力学（弦线振动）模型为基础，考虑电极丝承受电磁力、温度应力、流体阻尼效应，并将电极丝的杨氏模量设置成随温度变化而变化，建立连续脉冲电极丝振动多物理场耦合模型，其建模框图如图 4.21 所示。

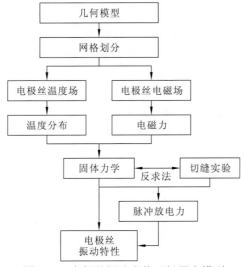

图 4.21　电极丝振动多物理场耦合模型

为了方便建模，现作如下假设：

（1）工件对称安装在上、下导轮（丝嘴）之间；

（2）电极丝张力 T 保持恒定，电极丝质量均匀分布，电极丝各向同性且为完全弹性体；

（3）脉冲放电力和电磁力为周期性脉冲力作用在放电点上，放电点随机分布在电极丝靠近工件的半圆柱面上；

（4）流体阻尼效应简化为阻尼系数 μ。

根据上述假设及电极丝受力分析，结合电极丝温度场和电磁场模型，基于固体力学

（弦线振动）模型，建立如下连续脉冲电极丝振动多物理场耦合模型。

总应变张量 $\boldsymbol{\varepsilon}$ 与位移梯度 $\boldsymbol{u}$ 的表达式为

$$\boldsymbol{\varepsilon} = \frac{1}{2}[(\nabla\boldsymbol{u})^{\mathrm{T}} + \nabla\boldsymbol{u} + (\nabla\boldsymbol{u})^{\mathrm{T}}\nabla\boldsymbol{u}] \tag{4.50}$$

根据胡克（Hooke）定律，考虑热应力，总应力张量 $\boldsymbol{s}$ 为

$$\boldsymbol{s} - \boldsymbol{s}_0 = C : (\boldsymbol{\varepsilon} - \boldsymbol{\varepsilon}_0 - \boldsymbol{\varepsilon}_T) \tag{4.51}$$

式中：初始应力张量 $\boldsymbol{s}_0$、初始应变张量 $\boldsymbol{\varepsilon}_0$、热应变张量 $\boldsymbol{\varepsilon}_T$ 分别为

$$\boldsymbol{s}_0 = \begin{bmatrix} 0 & 0 & 0 \\ 0 & 0 & 0 \\ 0 & 0 & \dfrac{T}{S} \end{bmatrix} \tag{4.52}$$

$$\boldsymbol{\varepsilon}_0 = \begin{bmatrix} 0 & 0 & 0 \\ 0 & 0 & 0 \\ 0 & 0 & \dfrac{T}{E_{(t)}S} \end{bmatrix} \tag{4.53}$$

$$\boldsymbol{\varepsilon}_T = \alpha(\boldsymbol{T}_w - \boldsymbol{T}_{\mathrm{ref}}) \tag{4.54}$$

根据虚功原理和线性弹性力学理论，电极丝振动模型为

$$\rho\frac{\partial^2 \boldsymbol{u}}{\partial t^2} + \mu\frac{\partial \boldsymbol{u}}{\partial t} - \nabla\boldsymbol{\sigma} = \boldsymbol{F}_V \tag{4.55}$$

$$J = \det(\boldsymbol{F}) \tag{4.56}$$

$$\boldsymbol{\sigma} = J^{-1}\boldsymbol{F}\boldsymbol{s}\boldsymbol{F}^{\mathrm{T}} \tag{4.57}$$

$$\boldsymbol{F} = (\boldsymbol{I}_e + \nabla\boldsymbol{u}) \tag{4.58}$$

式中：阻尼系数 μ 设置为 $196\ \mathrm{s}^{-1}$。

电极丝振动模型可通过有限元方法求得数值解，其初始值如下：

（1）当 $t=0$ 时，$\boldsymbol{u}=[0,0,0]$，$\dfrac{\partial \boldsymbol{u}}{\partial t}=[0,0,v]$；

（2）当 $z=0$ 或 $z=2L+h$，$\dfrac{\partial \boldsymbol{u}}{\partial x}=\dfrac{\partial \boldsymbol{u}}{\partial y}=0$，$\dfrac{\partial \boldsymbol{u}}{\partial t}=[0,0,v]$。

由于电火花线切割的放电点的分布具有高度随机性，假设第 i 个放电点为

$$(x,y,z) = (r\cos\theta_i, r\sin\theta_i, z_i h + L) \tag{4.59}$$

式中：θ_i 为区间 $[-\pi, \pi]$ 上的随机数；z_i 为区间 $[0,1]$ 上的随机数。则第 i 个放电点受到的脉冲放电力与脉冲电磁力的合力为

$$\boldsymbol{F} = \begin{cases} 0, & t = 0 \to (i-1)t_p \\ \boldsymbol{F}_{\max(d)} + \boldsymbol{F}_{\max(m)}, & t = (i-1)t_p \to (i-1)t_p + t_{\mathrm{on}} \\ 0, & \text{其他} \end{cases} \tag{4.60}$$

2. 模型验证

本章节实验在自主研发的精密五轴电火花线切割机床（HK5040）上完成。将不同加

工脉冲电压下的脉冲放电力进行 27 组实验验证,将切缝宽度实验求得的电极丝横向振幅实验值 $\mu_{max}(x)$ 与电极丝横向振幅计算值 $\mu'_{max}(x)$ 进行比较,以验证的误差来判定该电极丝振动多物理场耦合模型的正确性和可靠性。

图 4.22 和图 4.23 分别表示电极丝中点的纵向振动(与进给方向平行)和横向振动(与进给方向垂直),其他仿真参数分别为 $t_{on}=12\ \mu s$, $t_{off}=12\ \mu s$, $T=20\ N$, $v=0.10\ m/s$, $U_{(t)}=40\ V$。从图 4.22 可以看出,电极丝中点的横向振动曲线类似于正弦曲线,周期为 0.85 ms,振幅为 64 μm,平衡线为直线 $x=-64\ \mu m$,符合经典弦线振动方程规律。导致这一现象主要有两个原因:①脉冲放电方向和脉冲电磁力的方向始终与进给方向平行;②放电点沿 z 轴随机分布。从图 4.22 可以看出,在 0~1 ms 电极丝的横向振动处于起振阶段,1 ms 以后电极丝的横向振动存在明显的周期性,其周期为 0.64 ms,振幅为 65 μm,平衡线为直线 $y=0\ \mu m$,但是电极丝的横向振动相比纵向振动波动更大,这可能是在仿真过程中放电点的分布处于随机但不均匀的状态,属于仿真误差。

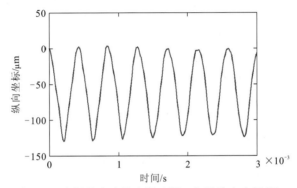

图 4.22　电极丝中点纵向振动图(与进给方向平行)

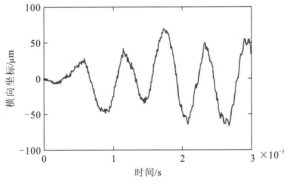

图 4.23　电极丝中点横向振动图(与进给方向垂直)

电极丝横向振幅的实验值与计算值的对比结果如图 4.24 和表 4.6 所示,其中表 4.6 为 $(L_{27}5^3)$ 的正交实验,具有较高的分散性、整齐性和代表性。从图 4.24 可以看出,电极丝横向振幅的实验值与计算值基本相符,最大相对误差为 15%,平均相对误差为 7.3%,其中误差来源主要包括模型误差、放电状态随机性、测量误差等。对比结果表明,本次研究提出的连续脉冲电极丝振动多物理场耦合模型具有较高的正确性和可靠性。

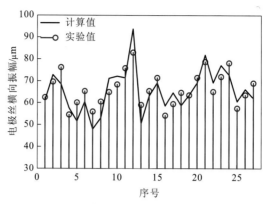

图 4.24　电极丝横向振幅的实验值与计算值比较

表 4.6　电极丝横向振幅的实验值与计算值

序号	$T_{on}/\mu s$	$T_{off}/\mu s$	T/N	$v/(m/s)$	U/V	$d_1/\mu m$	$w/\mu m$	$\mu_{max}(x)/\mu m$	$\mu'_{max}(x)/\mu m$
1	8	8	15.0	0.10	30	2.4	376.6	62.3	60.3
2	8	8	15.0	0.10	40	3.7	392.2	69.3	72.5
3	8	8	15.0	0.10	50	5.4	406.9	75.8	68.3
4	8	12	17.5	0.12	30	2.0	360.6	54.3	57.6
5	8	12	17.5	0.12	40	3.7	373.4	59.9	51.5
6	8	12	17.5	0.12	50	5.4	385.5	65.1	60.7
7	8	16	20.0	0.15	30	2.0	363.3	55.7	48.1
8	8	16	20.0	0.15	40	3.7	374.3	60.3	53.0
9	8	16	20.0	0.15	50	5.4	384.7	64.7	71.0
10	12	8	17.5	0.15	30	2.0	388.2	68.1	72.1
11	12	8	17.5	0.15	40	3.7	405.0	75.6	71.5
12	12	8	17.5	0.15	50	5.4	420.8	82.7	93.9
13	12	12	20.0	0.10	30	2.0	369.6	58.8	50.6
14	12	12	20.0	0.10	40	3.7	383.9	65.1	63.9
15	12	12	20.0	0.10	50	5.4	397.4	71.0	68.5
16	12	16	15.0	0.12	30	2.0	359.8	53.9	58.2
17	12	16	15.0	0.12	40	3.7	372.3	59.3	64.6
18	12	16	15.0	0.12	50	5.4	384.1	64.4	58.3
19	16	8	20.0	0.12	30	2.0	378.5	63.3	63.1
20	16	8	20.0	0.12	40	3.7	395.8	71.1	69.9

续表

序号	T_{on}/μs	T_{off}/μs	T/N	v/(m/s)	U/V	d_1/μm	w/μm	$\mu_{max}(x)$/μm	$\mu'_{max}(x)$/μm
21	16	8	20.0	0.12	50	5.4	412.1	78.4	81.8
22	16	12	15.0	0.15	30	2.0	381.7	64.9	69.0
23	16	12	15.0	0.15	40	3.7	396.8	71.6	77.0
24	16	12	15.0	0.15	50	5.4	411.1	77.9	72.6
25	16	16	17.5	0.10	30	2.0	366.6	57.3	60.4
26	16	16	17.5	0.10	40	3.7	380.0	63.2	66.1
27	16	16	17.5	0.10	50	5.4	392.7	68.7	61.7

根据连续脉冲电极丝振动模型的仿真数据（表 4.6），对其进行主效应分析，得到仿真参数对电极丝横向振动的影响规律 $\mu_{max}(x)$（μm），其主效应分析图如图 4.25 所示。

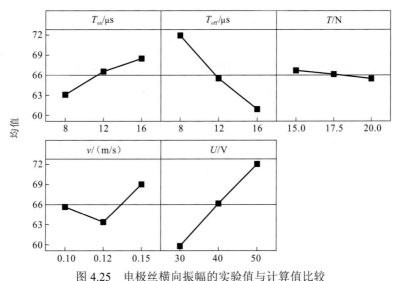

图 4.25　电极丝横向振幅的实验值与计算值比较

从图 4.25 中可以得出以下结论。

（1）电极丝横向振动 $\mu_{max}(x)$（μm）主要影响因素排秩：$U_{(t)} > T_{off} > v > T_{on} > T$。

（2）电极丝横向振动 $\mu_{max}(x)$ 随脉冲宽度 T_{on} 和脉冲电压 $U_{(t)}$ 的增大而增大，随脉冲间隔 T_{off} 和张力 T 的增大而减小。

（3）$\mu_{max}(x)$ 随电极丝速度 v 先减小后增大。

导致上述现象的主要原因如下。

（1）脉冲宽度 T_{on} 和脉冲电压 $U_{(t)}$ 的增大使单个脉冲的放电能量增大，从而使得单个脉冲放电力幅值增大，进而使电极丝的振动幅值增大。

（2）脉冲间隔 T_{off} 的增大，使单位时间内的放电次数减少，流体阻尼效应的衰减效应更为明显,从而使电极丝振幅减小。

(3)电极丝张力 T 的增大,使电极丝在初始状态的轴向应力增大,阻碍电极丝在 xOy 平面内的振动。

(4)当电极丝速度 v 较小时,电极丝的不均匀热应力较大,使电极丝振动幅值增大;当电极丝速度 v 较大时,在脉冲放电力作用下受迫振动频率越接近电极丝自由振动频率,则电极丝振动幅值越大。

根据经典弦线振动方程,与电极丝刚性一样,电极丝张力 T 是减小电极丝振动的重要原因,因此适当增大电极丝张力,有利于减小电极丝的振动幅值;与此同时,因为电极丝张力是弦线振动的重要参数,建立恒定的张力控制系统,对于减小电极丝的振动幅值有重要影响。

4.4 电极丝恒张力控制系统

本节将实施精密电火花线切割电极丝恒张力控制,采用系统辨识与智能 PID 控制算法,实现电极丝张力自动精确控制。智能 PID 控制主要流程如图 4.26 所示,主要包括控制系统建模、系统模型辨识、粒子群 PID 参数优化、电极丝张力测量实验。

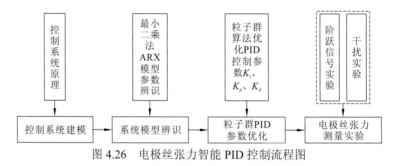

图 4.26　电极丝张力智能 PID 控制流程图

4.4.1　电极丝恒张力系统辨识

为了对电极丝张力进行精确的控制,必须建立正确的恒张力控制系统模型,系统模型的正确性包括:①系统模型的结构正确。在单一输入和单一输出的控制系统中,对某一过程的输入输出信号进行系统辨识,可得到许多不同阶数的控制系统模型。如果控制系统模型结构不正确,就可能导致识别的系统模型不具有适应输入量改变的能力。②系统模型的参数精确性。在系统模型结构正确的基础上,精确的参数能够有利于进一步精确地系统控制。

1. 控制系统建模

根据精密电火花线切割恒张力控制原理,建立控制系统正确结构的数学模型,具体过程如下。

1）磁粉制动器

磁粉制动器是根据电磁学的原理制作而成的，它利用输入电流与被磁化的磁粉之间的摩擦形成制动扭矩（Dwivedi et al.，2002）。磁粉制动器的输入电流与输出扭矩的关系如图 4.27 所示，其工作过程如下。

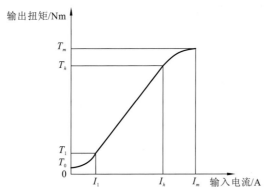

图 4.27　磁粉制动器输入电流与输出扭矩曲线

（1）当输入电流为零时，磁粉制动器中的磁粉由于离心力处于离散状态，分布在定子周围，此时只存在一个很小的初始转矩，主要由定子和转子的摩擦力所导致。

（2）当输入电流在区间 $0 \sim I_1$ 时，由于输入电流较小，磁粉不能较好地吸附在定子上，输入电流与输出转矩呈非线性关系。

（3）当输入电流在区间 $I_1 \sim I_h$ 时，由电磁原理，磁感应强度与输入电流成正比，故输出转矩也与输入电流成正比。

（4）当输入电流在区间 $I_h \sim I_m$ 时，由于被磁化的磁粉区域磁饱和，输出扭矩的增大相对于输入电流的增大减弱，最终达到最大值。

因此，磁粉制动器的传递函数可视为二阶惯性环节。

本次研究中使用的磁粉制动器型号为 CD-HYS-20，额定控制电流为 0.5 A，额定输出转矩为 2.0 N·m，将输出转矩与输入电流近似呈线性关系，则扭矩与电流增益 K_m 为 4 N·m/A。电磁时间常数 T_s 与机电时间常数 T_m 在工程中很难被精确测量得到，受到影响因素较多，主要包括磁粉的被磁化特性和磁导率、磁粉制动器线圈的电感和电阻等；但是 T_s 和 T_m 均为时间常数，可通过输入信号与输出信号的关系，用系统辨识的方法得到。

2）张力传感器

本次研究使用的张力传感器为压力式应变张力传感器，其测量原理图如图 4.28 所示。初始状态下，两个辅助滚轮和采集轮在同一条直线上；当张力为 T 的电极丝穿过辅助滚轮和采集轮时，采集轮受到张力的垂直分力 $2T\cos(\alpha)$ 时会产生微小位移 Δh，由于采集轮和辅助滚轮的间距比 Δh 大得多，可以认为角度 α 为定值；此外，微小位移 Δh 使得应变式电阻产生变化，通过电路的转化，最终输出模拟量的电压或电流信号。

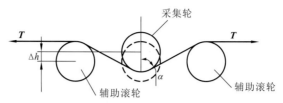

图 4.28　张力传感器测量原理图

本次研究采用张力传感器的型号为 MCL-T21，供电电压 24 V，量程 0～30 N，输出信号 0～10 V 模拟量，测量的张力与输出电压呈线性关系，非线性误差 0.5%。张力传感器为一个比例环节，比例系数 K_1 为 $\frac{1}{3}$ V/N，传递函数为

$$G_2(S) = K_1 = \frac{1}{3} \tag{4.61}$$

3）张力轮

磁粉制动器产生的阻尼转矩需要通过张力轮转化为电极丝的张力，本次采用的张力轮半径 R_T 为 0.08 m，当电极丝张力处于稳定状态时，张力轮为一个比例环节，比例系数为 $\frac{1}{0.08} = 12.5$ m^{-1}。电极丝张力的实质为牵引轮与张力轮的速度差所导致的电极丝伸长，满足胡克定律，电极丝张力表达式为

$$T = \frac{SE}{l_0} \int_0^t (v_1 - v_2)\, \mathrm{d}t \tag{4.62}$$

式中：l_0 为张力轮与牵引轮之间电极丝的长度；v_1 为牵引轮的速度；v_2 为张力轮的速度。

经过上述分析，张力轮的传递函数可近似为一个惯性环节，传递函数为

$$G_3(S) = \frac{K_2}{T_l s + 1} \tag{4.63}$$

4）控制器

本次研究中的恒张力控制系统的控制单元为 ADAM4022T 控制卡，在不进行 PID 控制的情况下，输入信号为 0～10 V 模拟量电压信号，输出信号为 0～0.5 A 模拟量电流信号，输入与输出之间呈线性关系，当未进行 PID 控制的控制器为一个比例环节时，比例系数 K_3 为 0.05 A/V，传递函数为

$$G_4(S) = K_3 = 0.05 \tag{4.64}$$

当控制器进行 PID 控制时，传递函数为

$$G_5(S) = \frac{K_i + K_p s + K_d s^2}{s} \tag{4.65}$$

综上所述，当控制器未进行 PID 控制时，恒张力控制系统的开环传递函数为

$$G_0(S) = G_1(S)G_3(S)G_4(S) = \frac{k_m K_2 K_3}{(T_l s + 1)(T_s s + 1)(T_m s + 1)} \tag{4.66}$$

为三阶惯性系统；测量值（PV）与输入值（SV）的传递函数为 $G_0(S) \cdot G_2(S)$。当控制器未进行 PID 控制时，恒张力控制系统的开环传递函数为

$$G(S) = G_1(S)G_3(S)G_4(S)G_5(S) = \frac{K_m K_2 K_3 (K_i + K_p s + K_d s^2)}{s(T_l s + 1)(T_s s + 1)(T_m s + 1)} \tag{4.67}$$

为四阶控制系统；测量值（PV）与输入值（SV）的传递函数为 $G(S) \cdot G_2(S)$。

2. 电极丝张力控制系统参数辨识

本次电极丝张力控制系统辨识是在系统模型的基础上，采用最小二乘辨识法，辨识信号为阶跃信号和矩形脉冲信号，测量得到系统输出张力值的响应曲线，利用 MATLAB 数学软件编写程序，对系统参数进行离线辨识，从而获得控制系统准确的数学模型。本次实验辨识的控制系统为单输入单输出系统。输入信号为电压模拟量阶跃信号和矩形脉冲信号；输出信号为传感器测量电极丝张力输出的电压模拟量，输出信号采用示波器进行采集和存储，与此同时，示波器将对采集信号中的高频干扰进行滤波处理和均值处理；采样周期设定为 0.01 s，采样时间为 8 s。

图 4.29（a）和（b）分别为控制系统对于阶跃信号和矩形脉冲信号的响应曲线，阶跃信号为在 1 s 时刻发出 5 V 模拟量指令，矩形脉冲信号为在 1～5 s 时间内发出 5 V 模拟量指令，电极丝速度为 0.15 m/s。从示波器测量结果可以得出，稳态误差约为 ±12%（±0.6 V），调节时间约为 1.4 s，超调量几乎为零。

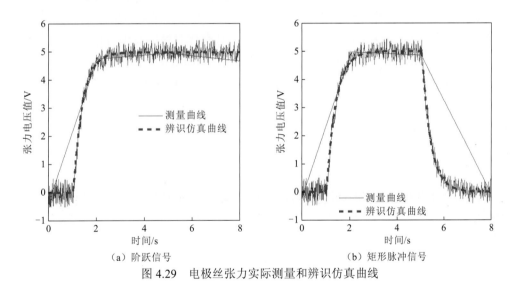

（a）阶跃信号　　　　　　　　　　（b）矩形脉冲信号

图 4.29　电极丝张力实际测量和辨识仿真曲线

根据采集得到的输入输出信号，采用 MATLAB 编写最小二乘法系统辨识程序，对电极丝张力控制系统进行模型辨识，辨识得到系统离散传递函数为

$$G_0(z) = \frac{5.067\mathrm{e}^{-4} z^{-1} + 1.624\mathrm{e}^{-3} z^{-2} + 3.217\mathrm{e}^{-4} z^{-3}}{1 - 2.274 z^{-1} + 1.68 z^{-2} - 0.403 z^{-3}} \tag{4.68}$$

辨识模型参数及辨识误差如表 4.7 所示。表中：Fit 为辨识模型的适应度值；FPE 为辨识模型的预测误差。

表 4.7　模型参数及辨识误差

K_0	a_0	a_1	a_2	a_3	Fit	FPE	损失函数值
0.833	2.196×10^{-4}	1.996×10^{-2}	0.431	1	91.694	2.711×10^{-11}	2.723×10^{-11}

通过离散传递函数转化为连续传递函数的方法，可以将公式（4.68）转化为

$$G_0(S) = \frac{5.011}{6.013\times(2.196\mathrm{e}^{-4}s^3 + 1.996\mathrm{e}^{-2}s^2 + 0.431s + 1)} \qquad (4.69)$$

将辨识得到的系统传递函数模型进行阶跃信号和矩形脉冲信号仿真，得到结果如图 4.29 所示。从辨识误差可以得出，本次研究对电极丝张力控制系统模型辨识具有较高的精度，因此，得到的系统传递函数可作为正确的数学模型用于后续的控制实验。

4.4.2　智能 PID 控制仿真

1. 粒子群 PID 控制

目前，PID 控制参数整定主要依靠理论计算、经验整定等方法，这些方法只适用于简单的控制系统参数整定，对于高阶的控制系统参数整定效果较差。随着一些智能优化算法的涌现，采用智能算法优化 PID 控制参数，可解决其参数难以确定的问题，因此智能算法结合 PID 控制成为主流的 PID 控制方式。具有代表性的智能算法包括 GA、模拟退火（simulated annealing，SA）算法、粒子群优化（particle swarm optimization，PSO）算法等。以 PSO 优化 PID 控制参数为例，其原理图如图 4.30 所示。

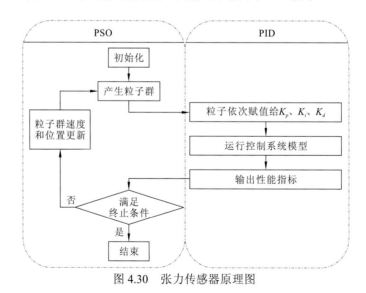

图 4.30　张力传感器原理图

PSO 优化 PID 控制参数主要过程如下。

（1）初始化，即对粒子群算法进行参数设置，包括惯性因子、加速常数、粒子维度、粒子群规模、最大迭代次数、最小适应度等。

（2）产生粒子群，即对粒子群进行初始化，包括粒子群的速度和位置。

（3）赋值 PID 控制参数，即将产生的粒子群速度赋值给 PID 控制参数。

（4）运行控制系统，即输入相应的信号，运行控制系统模型。

（5）输出性能指标，即根据 PID 算法的运行指标计算方法，计算得到粒子群的适应度值；PID 算法的性能指标主要包括平均误差积分（integral of square error，ISE）、绝对误差积分（integral of absolute error，IAE）、时间乘平方误差积分（integral of time squared error，ITSE）、时间绝对误差积分（integral of time and absolute error，ITAE），其计算公式分别为

$$
\begin{cases}
\text{IAE} = \int_0^\infty |e(t)|\,\mathrm{d}t \\[2mm]
\text{ISE} = \int_0^\infty |e(t)|^2\,\mathrm{d}t \\[2mm]
\text{ITSE} = \int_0^\infty t\,|e(t)|^2\,\mathrm{d}t \\[2mm]
\text{ITAE} = \int_0^\infty t\,|e(t)|\,\mathrm{d}t
\end{cases}
\tag{4.70}
$$

（6）判断是否结束，即根据是否达到最大迭代次数或最小适应度值，判断粒子群算法是否结束。

（7）粒子群更新，即若未达到结束条件，则根据速度和位置更新算法，对粒子群速度和位置进行更新，再次赋值给 PID 控制参数。

（8）结束，即若达到粒子群结束条件，则程序结束。

2. 智能算法优化 PID 参数仿真

根据前面对电极丝张力控制系统辨识模型与智能算法结合 PID 控制原理，选择 ITAE 作为 PID 控制的指标，具体智能算法优化 PID 参数的仿真原理图如图 4.31 所示。

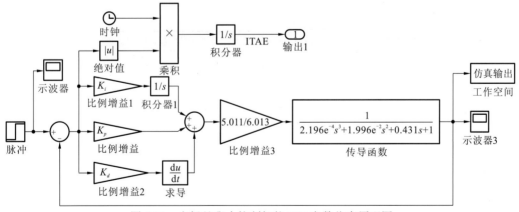

图 4.31　电极丝张力控制智能 PID 参数仿真原理图

根据智能 PID 原理图，分别采用 GA、SA、PSO 对 PID 参数进行优化，其中 GA 的参数设置如表 4.8 所示。

表 4.8　GA 参数设置

参数	说明	参数	说明
编码方式	实数	选择函数	随机一致
初始种群	上、下限间随机产生	交叉函数	分散交叉
种群大小	100	变异函数	约束自适应
上限	[100, 100, 5]	最大迭代次数	50
下限	[0, 0, 0]	停止代数	50
精英个数	10	适应度偏差	e^{-100}
交叉后代比	0.6	适应度函数	@PID
排序函数	等级排序	—	—

SA 参数设置如表 4.9 所示。

表 4.9　SA 参数设置

参数	说明	参数	说明
编码方式	实数	最大迭代次数	500
初始值	[20, 20, 0.1]	退火参数	$k=1$
上限	[100, 100, 5]	退火函数	0.95kT0
下限	[0, 0, 0]	StallTterLim	500
AnnealingFcn	annealingfast	适应度偏差	e^{-100}
初始温度	100	适应度函数	@PID

PSO 参数设置如表 4.10 所示。

表 4.10　PSO 参数设置

参数	说明	参数	说明
编码方式	实数	初始种群	上、下限间随机产生
惯性因子	0.6	上限	[100, 100, 5]
加速常数	2	下限	[0, 0, 0]
粒子维度	3	最小适应度值	0.1
粒子群规模	100	适应度函数	@PID
最大迭代次数	100	—	—

根据上述智能算法的参数值，对 PID 控制参数进行优化，优化过程和结果如图 4.32 和表 4.11 所示。

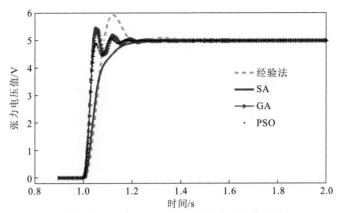

图 4.32　四种算法优化 PID 参数阶跃响应仿真图

表 4.11　四种算法优化 PID 控制参数

参数	经验法	GA	SA	PSO
K_p	18.2	94.735 0	30.923 1	99.953 2
K_i	36.1	46.009 5	20.887 8	40.644 5
K_d	0.3	2.057 7	1.313 9	2.551 1
上升时间/s	0.12	0.05	0.23	0.05
稳定时间/s	0.38	0.19	0.23	0.15
稳态误差/%	3.2	0	0	0
超调量/%	18.8	9	0	4
算法优化时间/s	—	38.4	4.5	15

　　从图 4.32 和表 4.11 可以看出，智能算法对复杂 PID 控制模型的参数整定，无论在上升时间、稳定时间、超调量、稳态误差方面均优于经验法的参数整定。至于三种智能算法优化 PID 参数，其中 GA 对 PID 参数整定具有较大的超调量，系统响应效果较差；SA 虽然稳定时间相对较长，但是在算法优化时间优于另外两个，且阶跃响应没有超调量；PSO 对 PID 参数整定系统响应速度快，调节时间短，且超调量较小。因此，采用 PSO 对 PID 参数进行整定，在综合性能方面优于 GA 和 SA。

3. 电极丝张力控制实验

　　为了检测本次研究提出的精密电火花线切割电极丝恒张力控制系统的控制效果，电极丝恒张力控制系统实物图如图 4.33 所示，其主要组成部分包括笔记本、PID4022T、示波器、线性电源、磁粉制动器控制器、张力传感器、磁粉制动器、张力轮、储丝筒、电柜。电极丝张力控制实验主要包括阶跃响应实验和干扰调节实验。PID 控制参数采用粒子群优化后的参数：$K_p=100.0$，$K_i=40.6$，$K_d=2.55$。

图 4.33　电极丝恒张力控制系统实物图

1）阶跃信号实验

图 4.34 为电极丝张力控制系统阶跃信号 PID 控制实验响应曲线图，在 1 s 时刻，上位机设定张力电压值为 5 V，电极丝速度为 0.15 m/s，采样周期为 0.01 s，采样时间为 4 s。从图中可以看出：在 0～1 s 时间内，张力电压值为零，采集信号的波动主要来源于外界的干扰和采集误差，该波动的幅值较小，波动在±0.1 V 之内；当上位机设定 5 V 的张力阶跃信号时，张力电压值迅速上升，上升时间为 0.30 s，上升到最大值之后趋于稳定，稳定时间大约为 0.5 s；张力电压值稳定状态下误差在±0.32 V（±6.4%）以内；此外，张力电压值曲线中未看到明显的超调量。电极丝张力在稳定状态下具有±6.4%的误差，误差来源主要包括加工过程中脉冲放电力引起的电极丝振动、走丝系统中导轮或张力轮的跳动、电介质冲刷效应，以及机床的振动等。

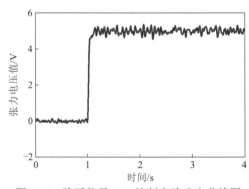

图 4.34　阶跃信号 PID 控制实验响应曲线图

与原有开环控制系统进行对比，采用闭环 PID 控制电极丝张力可使电极丝张力波动幅值从 12%下降到 6.4%，降低幅度比较显著；此外，在闭环 PID 控制情况下，电极丝张力具有更快的响应速度。

2）大干扰实验

在 5 s 时刻，上位机发出维持 0.2 s 的−1 V 脉冲信号，使电极丝张力发生下降的大干扰，电极丝速度为 0.15 m/s。大干扰实验的目的是验证控制系统对外界干扰信号的快速稳定性能。图 4.35 为电极丝张力控制系统大干扰信号 PID 控制实验响应曲线图。从图中可以看出：开环系统作用下的电极丝张力在 0.2 s 内干扰信号作用达到最大值，通过约为 0.8 s 的时间，电极丝张力恢复到原值；智能 PID 控制系统作用下的电极丝张力在 0.05 s 内干扰信号作用达到最大值，通过约为 0.25 s 的时间，电极丝张力恢复到原值。从比较结果可以看出，智能 PID 控制系统作用下的电极丝张力能够更快地响应干扰信号，并更快地消除干扰信号对电极丝张力的影响。

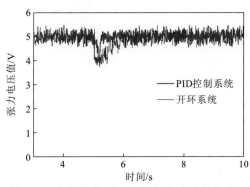

图 4.35　大干扰信号 PID 控制实验响应曲线图

从上述电极丝张力阶跃信号和大干扰实验的实验结果可以得出，本次研究提出的智能 PID 控制系统对电极丝张力的控制是有效的，具有响应速度快、调节时间短、可靠性高、抗干扰能力强等多个优点。此外，还可以证明本次研究对电极丝恒张力控制系统的模型参数辨识具有较高的精度，结合该系统辨识的方法还可采用更加先进的控制算法加强对电极丝张力的控制。

4.4.3　电极丝恒张力控制系统的形位误差实验

为了检验本次研究建立的电极丝恒张力控制系统对加工工件形位误差的改善效果，本小节将设计拐角误差实验，该类形位误差的抑制实验在 HK5040 精密五轴电火花线切割机床上完成，具体实验过程和结果如下。

本次拐角误差实验选择工件材料为 2 mm 304 不锈钢，电极丝的直径为 0.25 mm 的铜丝，脉冲电流的峰值为 10 A，电介质为去离子水，冷却方式为喷射式，拐角加工的角度为 90°，测量拐角误差的方式为内角测量。具体加工参数和实验数据如表 4.12 所示，第 10 组拐角误差测量图如图 4.36 所示，图 4.37 为有无恒张力控制拐角误差实验比较图。

表 4.12　恒张力控制拐角误差实验加工参数和实验数据

序号	加工参数					拐角误差		
	脉冲宽度/μs	脉冲间隔/μs	间隙电压/V	电极丝张力/N	电极丝速度/(m/s)	无恒张力控制/μm	恒张力控制/μm	降低百分比/%
1	8	8	30	5.0	0.10	70.88	55.00	22
2	8	10	35	7.5	0.10	66.91	50.01	25
3	8	12	40	10.0	0.15	65.44	48.09	27
4	8	14	45	15.0	0.15	61.95	47.22	24
5	10	8	35	10.0	0.15	69.98	49.61	29
6	10	10	30	15.0	0.15	63.97	45.06	30
7	10	12	45	5.0	0.10	72.96	60.35	17
8	10	14	40	7.5	0.10	67.65	52.68	22
9	12	8	40	15.0	0.10	67.92	44.22	35
10	12	10	45	10.0	0.10	71.00	47.08	34
11	12	12	30	7.5	0.15	70.50	54.23	23
12	12	14	35	5.0	0.15	73.70	59.43	19
13	14	8	45	7.5	0.15	78.15	62.43	20
14	14	10	40	5.0	0.15	79.17	61.56	22
15	14	12	35	15.0	0.10	65.88	45.71	31
16	14	14	30	10.0	0.10	66.94	47.84	29

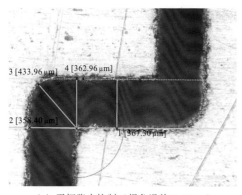

（a）无恒张力控制（拐角误差71.00μm）　　（b）恒张力控制（拐角误差47.08μm）

图 4.36　第 10 组拐角误差测量图

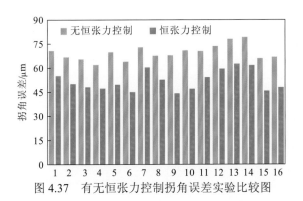

图 4.37　有无恒张力控制拐角误差实验比较图

从表 4.12 和图 4.37 可以看出，采用恒张力控制系统在相同的加工参数情况下，工件的拐角误差降低了 15%～35%。

第 5 章

磁场辅助精密电火花线切割加工技术

电火花线切割加工可应用于各种难加工材料及复杂形状特性的加工，且能够获得较好的加工质量，但是随着先进制造领域越来越高的加工质量需求，其自身的加工缺陷如加工精度及加工质量的不足也越来越显著，这些缺陷主要受放电能量、蚀除残渣排放、放电状态不稳定等影响，而且电火花线切割放电点的位置及其分布对放电蚀除过程的稳定性有关键作用。当连续脉冲放电点的分布过于集中时，会产生电弧放电、二次放电，这会导致工件表面局部过热，造成局部材料过多的热蚀除，同时还会烧伤工件甚至造成电极丝断裂，严重影响加工效率及工件微观表面完整性；当电火花线切割加工造成局部材料过度蚀除时，也会造成材料残渣集中于放电间隙的局部位置，从而造成连续脉冲放电时该处发生多次放电、短路等，不仅不利于材料的进一步蚀除，还会导致恶性循环，损伤工件微观表面完整性。因此，放电点分布均匀是提高电火花线切割连续脉冲放电蚀除效率、稳定性和可靠性的基础。如图 5.1 所示，磁场辅助方式能提高放电状态和放电间隙稳定性，还能促进蚀除材料残渣的排出，从而提高放电点分布的均匀性，产生稳定、高效、高质量的材料蚀除。

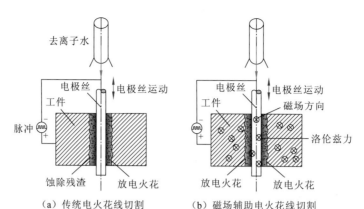

（a）传统电火花线切割　　　（b）磁场辅助电火花线切割

图 5.1　传统电火花线切割及磁场辅助电火花线切割机理

5.1　磁场辅助精密电火花线切割
连续脉冲放电提高机制

在精密电火花线切割实际加工过程中，当电极丝上的某个位置与工件表面的距离小于击穿阈值时，该处会产生放电火花。因此，当电火花线切割连续脉冲放电时，会在 1 s 内产生成百上千的放电点，每一个放电点都是一个局部热源，蚀除局部材料，这些放电点相互影响，同时上一次蚀除的凹坑也会影响下一次放电的产生，这些都会改变电火花线切割连续脉冲放电蚀除过程。目前，电火花线切割放电点的位置及其分布对放电蚀除过程的稳定性有关键作用。

5.1.1　磁场作用下电极丝振动对连续脉冲放电点分布的影响

当电极丝与工件之间的距离小于放电间隙时，电火花线切割加工就会产生放电。这说明放电点的分布和位移与电极丝的振动有密切的关系。导线电极振动的四阶偏微分方程可描述为

$$F_T \frac{\partial^2 U(x,t)}{\partial x^2} - E_e I \frac{\partial^4 U(x,t)}{\partial x^4} - \rho_l \frac{\partial^2 U(x,t)}{\partial t^2} - n \frac{\partial U(x,t)}{\partial t} + F(x,t) = 0 \qquad （5.1）$$

式中：E_e 为弹性模量；F_T 为丝的拉力；ρ_l 为丝的密度；n 为阻尼系数。由于电极丝的振动属于低频高振幅的振动，需进一步考虑电极丝速度的影响。电极丝电极上任意点在横向磁场辅助电火花线切割中的振动响应为

$$U_w(x,t) = \frac{2}{l}\sum_{i=1}^{\infty}\frac{\sin\left(\dfrac{w_i}{c_w}x\right)}{\rho_l\sqrt{w_i^2-n^2}}\int_0^l\int_0^t\sin\left(\frac{w_i}{c_w}\lambda\right)F(\lambda,\tau)\mathrm{e}^{n(t-\tau)}\sin\sqrt{w_i^2-n^2}\,(t-\tau)\mathrm{d}\lambda\mathrm{d}\tau$$

$$+\,\mathrm{e}^{n(t-\tau)}\sin\left(\frac{w_i}{c_w}x\right)\left(\cos\sqrt{w_i^2-n^2}\,t-\frac{n\sin\sqrt{w_i^2-n^2}}{w_i^2-n^2}\right)\int_0^l U_0(\eta)\sin\left(\frac{w_i}{c_w}\eta\right)\mathrm{d}\eta \quad (5.2)$$

$$+\,\frac{\mathrm{e}^{nt}\sin\left(\dfrac{w_i}{c_w}x\right)\sin\sqrt{w_i^2-n^2}\,t}{\sqrt{w_i^2-n^2}}\int_0^l[V_0(\eta)+V_w\sin\theta_1]\sin\left(\frac{w_i}{c_w}\eta\right)\mathrm{d}\eta$$

式中：λ 为放电点位置；n 为阻尼系数，$n=-\zeta w_i$（ζ 为阻尼因子，w_i 为自然圆周频率，i 为频率阶数）；η 为积分变量；c_w 为波在弦上传播的速度；V_w 为电极丝速度；$F(\lambda,\tau)$ 为电极丝在八个分力总合力下的振幅，其中包括电极丝张力 $\boldsymbol{F}_T$、安培力 $\boldsymbol{F}_B$（由外加磁场导致的）、放电力 $\boldsymbol{F}_D$、静电力 $\boldsymbol{F}_E$、无黏性力 $\boldsymbol{F}_L$、切向方向的黏性力 $\boldsymbol{F}_{VT}$、法线方向的黏性力 $\boldsymbol{F}_{VN}$、水流体冲刷力 $\boldsymbol{F}_W$、电极丝重力 $\boldsymbol{F}_G$。该等式的第一部分就是由合力 $F(\lambda,\tau)$ 造成的电极丝强迫振动振幅分量，磁场也主要影响该部分。为了确定横向磁场对电极丝振动的影响机理并计算合力的幅值，必须先对横向磁辅助电火花线切割加工中的电极丝电极进行受力分析，如图 5.2 所示。

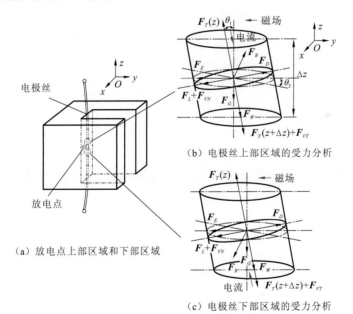

图 5.2　磁场作用下电极丝电极受力分析（θ_1 为电极丝变形角，θ_2 为水平放电力角）

由于电流方向的不同，如图 5.2（b）和（c）所示，将电极丝电极放电点上部区域和下部区域的合力 $F(\lambda,\tau)$ 分为两种情况。研究发现，在电极丝振动合力中，与其他力相比，电磁力可忽略不计（Singh，2012）。由于在横向磁场作用下电极丝上的安培力 $\boldsymbol{F}_B$ 是沿 x 轴方向的，且该方向与放电通道形成方向一致，对放电点分布的影响也最为关键。下

面进行沿 x 轴方向的横向力分析。由于在 x 轴方向上的静电力 $\boldsymbol{F}_E$ 是与自身相互平衡的，它对电极丝电极的横向振动没有影响。合力 $F(\lambda,\tau)$ 仅包括 $\boldsymbol{F}_T$、$\boldsymbol{F}_B$、$\boldsymbol{F}_D$、$\boldsymbol{F}_L$、$\boldsymbol{F}_{VN}$、$\boldsymbol{F}_{VT}$、$\boldsymbol{F}_W$ 的水平分量，可表示为

$$F = F_B + F_D \cos\theta_1 \sin\theta_2 + F_{VT} \sin\theta_1 \sin\theta_2 - (F_L + F_{VN})\cos\theta_1 \sin\theta_2$$
$$+ \frac{\partial}{\partial z}(F_T \sin\theta_1 \sin\theta_2 + F_W \sin\theta_1 \sin\theta_2) \tag{5.3}$$

式中：安培力 F_B 在放电点上部区域为正值，而在放电点下部区域为负值。安培力 F_B 可由以下公式计算：

$$F_B = B \times I \times L \tag{5.4}$$

式中：I 为电流；L 为外加横向磁场区域中电极丝的长度。放电力 F_D 可表示为

$$F_D(t) = \frac{F_{dm}}{k} + \sum_{n=1}^{\infty} \frac{2F_{dm}}{n\pi} \sin\frac{n\pi}{k} \cos\frac{2n\pi t}{t_0} \quad (n=1,2,\cdots) \tag{5.5}$$

式中：F_{dm} 为放电力峰值；t_0 为放电时间；k 为占空比。假设介质冲刷速度是均匀的，则无黏性力 F_L 可表示为

$$F_L = \chi\rho_w A \left(\frac{\partial}{\partial t} + v_w \frac{\partial}{\partial z}\right)^2 j \tag{5.6}$$

式中：χ 为虚质量系数；ρ_w 为介质密度；v_w 为介质流速。由于在电火花线切割的较小放电通道中介质的剪切流量占主要作用，假设只考虑剪切流量，切向方向的黏性力 F_{VT} 和法线方向的黏性力 F_{VN} 可表示为

$$F_{VT} = \frac{1}{2}\rho_w D v_w^2 C_f \tag{5.7}$$

$$F_{VN} = \frac{1}{2}\rho_w D v_w C_f \left(\frac{\partial j}{\partial t} + v_w \frac{\partial j}{\partial z}\right) \tag{5.8}$$

从方程（5.3）和方程（5.4）中可以看出，横向磁场下产生的安培力增大了电极丝振动的合力。将方程（5.3）代入方程（5.2）中可以发现，在横向磁场作用下，电极丝的振动响应值 $U_w(x,t)$ 更大，表示电极丝的强迫振动更强，振动幅值也更大。而电极丝振动幅值越大，意味着电极丝上有更多的位置有机会处于放电间隙中，从而可促进上述电极丝位置的放电可能性，最终将提高放电点的纵向分布均匀性。

5.1.2 磁场作用下残渣排出对连续脉冲放电点分布的影响

在电火花线切割加工中，工件表面的材料通过气化或熔化的方式蚀除，当进入冲刷介质时，气态或液态材料将会凝固成残渣。这一过程中产生的材料残渣也与连续脉冲放电点分布有关。更多的材料残渣意味着更糟糕的放电间隙条件。一些放电残渣存在于放电间隙中，而有些则黏附在工件表面上，这两种情况都会导致更多的不正常放电，如电弧放电、多次放电、短路等，从而对材料的蚀除产生不利影响。磁场提高了电火花线切割中等离子体通道的等离子体密度，提高了等离子体放电通道的稳定性；磁场作用在电

极丝和放电通道上的安培力和电磁力也有利于加工过程。

在电火花线切割加工过程中，工件与电极丝之间的放电通道中产生的放电火花如图 5.3 所示（g_{max} 为最大放电间隙），在工件表面产生强烈的放电爆发力。放电爆炸力与介质冲刷力等合力的作用将残渣从工件表面排出。进一步分析两种典型运动的带电残渣（残渣 a 和残渣 b）。如图 5.4 所示，分别将其运动分解为 $x+$、$y+$、$z-$ 和 $x-$、$y-$、$z+$。磁场方向为 x 轴负方向，进给方向为 y 轴负方向，电极丝丝速为 z 轴负方向。

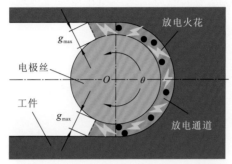

图 5.3　工件与电极丝之间的放电通道中产生的放电火花

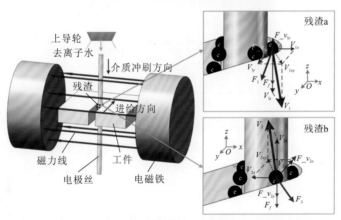

图 5.4　磁场辅助电火花线切割放电残渣受力及运动分析

对于带电残渣 a，在 $x+$ 方向上的速度 V_{1x} 与磁场方向平行，因此在这个方向上不产生洛伦兹力。根据洛伦兹力方程 $F=qvB$ 及左手定则，$y+$ 方向的速度 V_{1y} 和 $z-$ 方向的速度 V_{1z} 垂直于磁场方向，因此分别在 $z+$ 和 $y+$ 方向产生 $F\_{V_{1y}}$ 和 $F\_{V_{1z}}$ 的力。考虑到放电残渣在 $z-$ 方向也受到强烈而连续的介质冲刷力，得到带电残渣 a 的合力 F_1，如图 5.4 所示。在合力 F_1 的作用下，很容易将蚀除残渣排出工件表面，避免了多次放电、电弧放电、短路，提高了正常放电率、加工质量。此外，介质冲刷力 F_w 的持续作用导致速度 V_{1z} 和 $F\_{V_{1z}}$ 增大，合力 F_1 随时间逐渐向 $y-$ 方向移动，从而进一步促进带电残渣的清除。

同理，对于带电残渣 b，根据洛伦兹力方程及左手定则，速度、洛伦兹力 $F\_{V_{2y}}$、$F\_{V_{2z}}$、合力 F_2 如图 5.4 所示。需要注意的是，在较大且连续的介质冲洗力 F_w 的作用下，残渣在 $z+$ 轴上的运动迅速转变为 $z-$ 轴，然后洛伦兹力 $F\_{V_{2z}}$ 将会反向，有助于将残渣从工件表面清除。随着时间的增加，$F\_{V_{2z}}$ 继续增大，促进了残渣的进一步冲刷排出。此外，尽

管合力 F_1 和 F_2 的一部分小分量可导致残渣附着在电极丝或另一侧工件上，但由于电极丝的连续运动，附着的残渣不能明显影响加工零件的放电状态。

为更直观地反映磁场辅助下残渣的运动，进一步建立残渣运动轨迹模型，可将其简化如下：

（1）放电间隙的电场和辅助磁场是均匀的；

（2）电介质冲刷和残渣碰撞被忽略。

横向磁场诱导产生的洛伦兹力将使带电残渣的运动路径变成摆线运动，带电残渣的速度矩阵和位移矩阵分别为

$$
\begin{cases}
v_x = \dfrac{qE\cos\theta}{m}t \\[2ex]
v_y = \dfrac{E\sin\theta}{M}\sin\left(\dfrac{qM}{m}t\right) \\[2ex]
v_z = -\dfrac{E\sin\theta}{M} + \dfrac{E\sin\theta}{M}\cos\left(\dfrac{qM}{m}t\right)
\end{cases}
\tag{5.9}
$$

$$
\begin{cases}
x = \dfrac{qE\cos\theta}{2m}t^2 \\[2ex]
y = \dfrac{mE\sin\theta}{M^2 q} - \dfrac{mE\sin\theta}{M^2 q}\cos\left(\dfrac{qM}{m}t\right) \\[2ex]
z = -\dfrac{E\sin\theta}{M}t + \dfrac{mE\sin\theta}{M^2 q}\sin\left(\dfrac{qM}{m}t\right)
\end{cases}
\tag{5.10}
$$

由上述公式可知，带电残渣以 0 m/s 的初始速度在 x 轴上运动，且在 yOz 平面上的运动曲线是摆线。带电残渣的运动与其荷质比直接相关。由电解原理可知，离子与离子化合物、带电粒子等带电残渣具有相同的荷质比。因此，本次带电残渣轨迹模拟选择镍离子（Ni^{+3}），轨迹模拟参数设置如表 5.1 所示。

表 5.1 轨迹模拟参数

参数	符号	数值	单位
镍离子电荷	q	4.8×10^{-19}	C
镍离子质量	m_i	2.92×10^{-25}	kg
运动角度	θ	45	°
放电电压	U	50	V
放电间隙	d	30	μm
磁感应强度	M	0.1、0.2、0.3、0.4	T

由方程（5.9）可知，镍离子从工件表面到达电极表面的时间为 6.39×10^{-9} s。相关文献研究发现，残渣的射出速度大约为 328.9 m/s（Mastud et al.，2015）。结合方程（5.10）与表 5.1，通过 MATLAB 仿真得到两种运动方向的带电残渣在不同磁感应强度下的运动

轨迹，如图 5.5 所示。

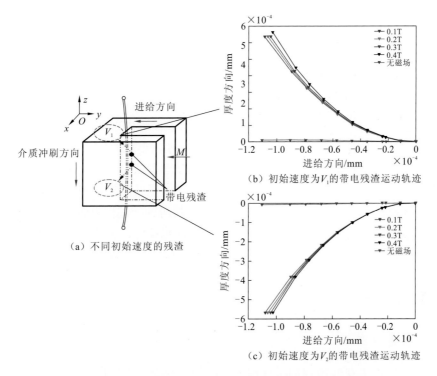

（a）不同初始速度的残渣

（b）初始速度为 V_1 的带电残渣运动轨迹

（c）初始速度为 V_2 的带电残渣运动轨迹

图 5.5　两种运动方向的带电残渣在不同磁感应强度下的运动轨迹

由图 5.5 可知，带电残渣在运动过程中可明显观察到偏转现象，偏转幅度随着磁感应强度的增大呈上升趋势。另外，考虑到介质湍流、气泡破碎和残渣碰撞的复杂性，该带电碎片的模拟轨迹只是定性分析。在电火花线切割加工中，带电残渣的排出主要依靠介质的冲刷，由于放电间隙较窄、气泡破碎，在介质冲刷力不足或工件厚度较大时，残渣的排出会相对较难，从而在放电间隙中会留下大量的残渣，更容易在工件表面上附着与再结晶，这些易造成电弧放电、电路等不正常放电，使放电通道温度很高但几乎不会蚀除材料，当电弧放电状态或短路状态占据整个连续脉冲放电波形的 50%以上时，加工将难以继续进行，甚至还会导致电极丝断裂的问题。

但在磁场辅助电火花线切割加工中，由于洛伦兹力的作用促进了放电间隙中残渣的排出，大大降低了残渣的附着与再结晶现象以及由此引起的不正常放电，为后续脉冲放电提供了干净、稳定的放电间隙状态，从而促进产生更加均匀分布、更加稳定的连续脉冲放电点。在实际加工中，数以千计的放电点各有其放电状态，磁场可提高放电加工过程中正常放电的比例，保证材料蚀除过程的稳定。

从上述分析可知，磁场辅助电火花线切割连续脉冲蚀除机理，就是通过改善电火花线切割连续脉冲放电点分布的均匀性、放电通道的稳定性、放电残渣的排出等促进产生更多更、稳定的连续脉冲放电，形成高效稳定的电火花线切割热蚀除过程，从而达到更高蚀除效率和蚀除质量的目的。

5.2　磁场辅助电火花线切割加工磁性与非磁性材料的差异

在磁场辅助电火花线切割加工中，工件材料特性如导电性、导热性、比热容等对放电蚀除过程有重要影响，而在磁场辅助加工中，工件材料的导磁性尤为重要。由于工件材料的导磁性会影响电火花线切割加工过程中材料表面和内部的磁场重分布：一方面，不同导磁性材料会改变电火花等离子放电通道的尺寸、形成时间、放电间隙状态，以及连续脉冲放电通道的分布等，进而改变材料热蚀除能量及其分布，从而影响材料的热蚀除效率、稳定性，改变工件微观表面裂纹度、残余应力、重铸层等微观表面完整性；另一方面，工件材料导磁性所改变的磁场重分布还会造成材料蚀除过程中熔池尺寸和形貌、材料残渣的排出效率等的变化，从而对 MRR 和材料表面粗糙度、重铸层、微观表面形貌等微观表面完整性产生影响。材料的导磁性可由材料的物理特性相对磁导率来表征。

5.2.1　蚀除过程差异

1. 磁场重分布

在磁场辅助电火花线切割加工过程中，磁场对蚀除过程的影响机制与磁感应强度有很大关系，而磁场辅助电火花线切割加工不同导磁性材料时，工件内部与放电通道内的磁场重分布有较大差异，从而导致磁场对不同导磁性材料蚀除过程的影响程度不同。

恒定辅助磁场引起的磁场重分布受经典磁场理论的影响，即

$$H = -\nabla V_m \tag{5.11}$$

$$\nabla(\mu_0 \mu_r H) = 0 \tag{5.12}$$

式中：H 为磁场强度矩阵；V_m 为磁标量位；μ_r 为相对磁导率。磁场强度 H 与磁感应强度 M 的关系为

$$M = \mu_0 \mu_r H \tag{5.13}$$

根据以上分析，利用 COMSOL 多物理场仿真软件建立一个三维磁场分布仿真模型。工件材料选择为磁性材料 SKD11 和非磁性材料 Inconel 718，材料的相对磁导率分别为 4 000 和 1，工件三维尺寸为 10 mm×10 mm×5 mm，辅助恒定磁场的磁感应强度为 0.2 T，切缝宽度为 0.3 mm。

图 5.6（a）和（b）分别为恒定磁场辅助下磁性材料 SKD11 和非磁性材料 Inconel 718 的磁场分布。由于工件材料是连续的且是弱磁化现象，材料表面磁通密度最大为 2 T。与导磁性材料 SKD11 相比，非磁性材料 Inconel 718 的材料特性对磁场的重分布没有显著的影响。所以，导磁性材料对磁场重分布的影响要复杂得多，这显然也进一步导致了磁场对电火花等离子通道的改变。

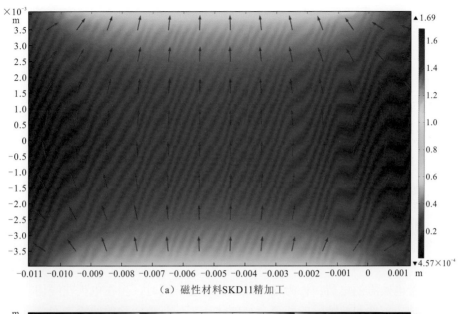

（a）磁性材料SKD11精加工

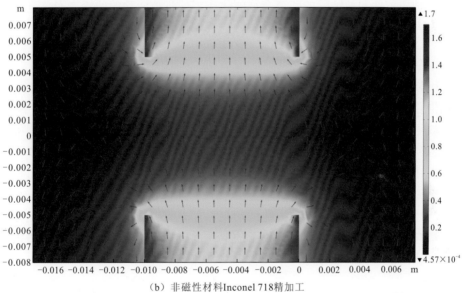

（b）非磁性材料Inconel 718精加工

图 5.6　恒定磁场辅助下磁性材料 SKD11 和非磁性材料 Inconel 718 的磁场重分布

2. 蚀除材料的排出

当工件材料为非导磁性材料时，蚀除材料残渣的受力分析及运动轨迹与第 2 章所阐述的一致；但当工件材料为导磁性材料时，蚀除材料残渣不仅带电，还会被辅助磁场磁化，所以其受力分析更为复杂。图 5.7 为磁场辅助电火花线切割粗加工和精加工导磁性材料残渣的受力分析，主要分析磁场作用下被蚀除残渣上的两种力，分别为洛伦兹力 F_1 和磁引力 F_2。

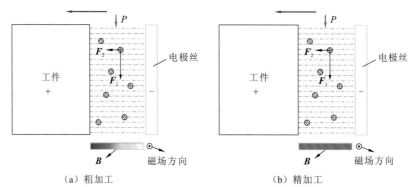

（a）粗加工　　　　　　　　　　　（b）精加工

图 5.7　磁场辅助电火花线切割粗加工和精加工导磁性材料残渣的受力分析

首先，带电残渣的运动受到洛伦兹力 F_1 的影响，洛伦兹力垂直于残渣运动方向，可由下式得到：

$$F_1 = q_p v_p B \tag{5.14}$$

式中：q_p 为带电残渣的电荷；v_p 为带电残渣的速度。同时，当在电火花线切割加工中加入辅助磁场时，工件和被蚀除的残渣会被磁化。工件与被清除的残渣之间总是存在磁引力。磁引力 F_2 的方向朝向工件，可表示为

$$F_2 = \frac{\lambda V B}{\mu_0 \mu_r} \frac{\partial B}{\partial x} \tag{5.15}$$

式中：λ 为体磁化率；V 为蚀除残渣的体积。从上述分析中可知，当辅助恒定磁场方向合适时，洛伦兹力 F_1 可与介质冲刷方向相同，有利于将残渣清除出去。磁引力 F_2 对电火花线切割放电加工有害，会阻碍已蚀除的残渣被介质冲刷出来。在粗加工过程中，磁引力是不可忽视的，这是磁场辅助方法对粗加工导磁材料放电加工影响不显著或不利的主要原因；而在精加工过程中，由于磁场重分布后的磁感应强度很小，该磁引力很小，对残渣的排出无明显影响。

综上所述，在磁场辅助下，电火花线切割加工不同导磁性材料时的磁场重分布、残渣排除等都有较大差异，因此导致等离子放电通道尺寸、能量、稳定性、残渣蚀除效率等的不同，从而改变材料热蚀除效率及稳定性。

5.2.2　微观表面完整性差异

磁场辅助的电火花线切割加工时等离子放电通道较原来的普通线切割加工更窄且能量密度更高，从而形成小而深的凹坑，同时磁场还对连续脉冲放电点分布产生积极影响，不仅能促进更均匀放电点分布的产生，还能促进材料残渣排出，这些都有利于较小重铸层、残余应力、表面粗糙度等更优微观表面完整性的形成。

根据 5.1 节理论分析可知，磁性材料在磁场辅助电火花线切割加工时，虽然存在磁场对材料蚀除及微观表面完整性的积极作用，但一方面，磁引力的存在导致液态或气态材料残渣更容易在加工过程中附着、重结晶在工件表面、电极丝表面或放电间隙中，这

不仅对后续连续脉冲放电产生不利影响，导致电弧放电、短路等不正常放电状态以及放电点分布的不均匀性，还会因更多重结晶的残渣，形成更厚的重铸层、微观表面裂纹甚至表面烧伤；另一方面，过于强大的局部磁场聚集效应，会导致工件材料局部蚀除区域的磁感应强度梯度很大，造成放电通道的尺寸也改变为斜率更大的锥形，通道内带电电子、离子密度增大，从而与周围介质碰撞传递热量也增大，即放电通道内的总能量降低，也就削弱了放电通道产生的磁致箍缩效应，传递给工件表面的能量降低。因此，在导磁性材料的磁场辅助电火花线切割粗加工时，工件的材料蚀除效率及微观表面完整性反而并不比普通电火花线切割加工好；但在导磁性材料的精加工时，上述不利作用很小，会促进更优微观表面完整性的形成。与导磁性材料的精加工原理类似，对于非导磁性材料的加工，不论粗加工还是精加工，由于磁场的有利影响，会促进低微观表面粗糙度、平整微观表面形貌、更小残余应力等的产生。

5.3 磁性材料加工微观表面完整性实验研究

5.3.1 工件材料、实验设备及实验设计

1. 工件材料

模具钢 SKD11 具有强度高、硬度高、耐腐蚀性好等优异性能，广泛应用于航空航天、模具等要求较高的领域。由于加工 SKD11 时刀具磨损严重，SKD11 是传统加工方法中难以加工的材料。同时，SKD11 是电火花线切割加工中常用的材料之一。本研究选用模具钢 SKD11 作为工件材料，工件几何尺寸为 100 mm×30 mm×10 mm。表 5.2 和表 5.3 分别给出了 SKD11 的化学成分和物理特性。

表 5.2 模具钢 SKD11 的化学成分

项目	元素						
	Cr	Mo	C	V	Mn	Si	Ni
含量/%	11.5	0.9	1.5	1	0.3	0.25	<0.5

表 5.3 模具钢 SKD11 的物理特性

特性	数值	单位
比热容	61	J/（kg·℃）
熔点	1 733	K
热导率	20.5	W/（m·K）
屈服强度	330	MPa
电阻率	0.65	Ω·cm
硬度	61	HRC
相对磁导率	4 000	—

2. 实验设备

本实验采用机床实物图如第 3 章图 3.16 所示。其中，实验中的电磁铁装置如图 5.8 所示，包括直流电源、线圈、电磁铁。电极为直径 0.25 mm 的铜丝，电介质为去离子水，其电阻为 60 Ω。基于上节理论分析，在磁场辅助电火花线切割切削磁性材料时，精加工才可保证磁场有效提高样件的加工微观表面完整性，因此为保证加工过程的一致性，各个工件加工时采用相同加工参数进行参考面切削，而后再根据设计实验参数进行精加工。

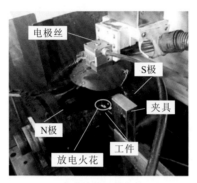

电磁铁装置及夹具

图 5.8　实验中的电磁铁装置图

3. 实验设计

通过对磁场辅助电火花线切割粗加工导磁材料 SKD11 进行大量的实验研究，实验结果表明，辅助恒定磁场对加工效率及表面粗糙度的提高不显著，甚至是不利的。同时，基于之前的研究及实验经验，与其他加工参数相比，有五个参数包括脉冲宽度、脉冲间隔、放电电压、电极丝丝速、磁感应强度，对电火花线切割微观表面完整性有更显著的影响。因此，本书选择上述五个加工参数并设计田口实验，实验设计参数及水平如表 5.4 所示。其他固定加工参数如表 5.5 所示。本书选择微观表面形貌、重铸层、表面粗糙度作为磁性材料样件的微观表面完整性指标，更小表面粗糙度、更少微观表面裂纹、更小重铸层代表更优的微观表面完整性。

表 5.4　加工参数及水平

加工参数	符号	水平				单位
		1	2	3	4	
脉冲宽度	T_{on}	9	12	15	18	μs
脉冲间隔	T_{off}	10	14	18	22	μs
放电电压	U	35	40	45	50	V
电极丝丝速	W_S	0.09	0.14	0.19	0.24	m/s
磁感应强度	M	0.10	0.15	0.20	0.25	T

表 5.5　固定加工参数

参数	单位	数值
切削角度	—	垂直
介质温度	℃	25
电流	A	5
电极丝张力	N	15
最大进给速度	mm/min	10
水压	kg	5

4. 检测方法

加工过程放电波形采用泰克科技（中国）有限公司的 DPO 3054 示波器来观测与记录电火花线切割加工过程中的放电状态，示波器带宽为 100 MHz。表面粗糙度采用表面粗糙度测试仪 TR200 进行检测，每个工件都随机挑选三个不同位置分别检测三次，一共九次，求取其平均值作为最终数值。为了观测加工表面的重铸层厚度，对已加工表面的侧面进行如下处理：

（1）用 400#、800#、1200#、1500# 的砂纸打磨 1.5 min；

（2）专业抛光布、金刚石抛光膏抛光 3 min；

（3）超声波清洗机清洗 10 min；

（4）硝酸和酒精腐蚀 1 min，硝酸浓度为 5%；

（5）超声波清洗机清洗 2 min。

上述过程需重复多次，直到能清楚地观察到微观表面结构和边界。采用 JEOL JSM-7600F 型热场发射扫描电子显微镜（scanning electron microscope，SEM）进行观测，放大倍数为 1 000 倍。在检测截面上随机 9 个位置测量每个试件的重铸层厚度，并取上述 9 个值的平均值作为最终值。样件表面的微观表面形貌采用激光扫描显微镜进行观测。

基于挑选的实验参数及水平，采用田口实验方法，设计 16 组实验，16 组样件的表面粗糙度及重铸层厚度实验结果如表 5.6 所示。

表 5.6　16 组田口实验设计及结果

序号	加工参数					加工目标					
	T_{on}/μs	T_{off}/μs	U/V	W_S/(m/s)	M/T	Ra/μm		减少率/%	RLT/μm		减少率/%
						有磁场	无磁场		有磁场	无磁场	
1	9	10	35	0.09	0.10	3.31	3.67	9.8	9.53	10.47	9.0
2	9	14	40	0.14	0.15	2.90	3.40	14.7	8.70	10.07	13.6
3	9	18	45	0.19	0.20	2.65	3.20	17.2	8.22	9.67	15.0
4	9	22	50	0.24	0.25	2.22	3.02	26.5	7.50	9.70	22.7
5	12	10	40	0.19	0.25	2.90	3.86	24.9	8.73	11.38	23.3
6	12	14	35	0.24	0.20	2.95	3.94	25.1	9.01	11.33	20.5
7	12	18	50	0.09	0.15	3.27	3.77	13.3	9.47	10.63	10.9

续表

序号	加工参数					加工目标					
	T_{on}/μs	T_{off}/μs	U/V	W_S/（m/s）	M/T	Ra/μm		减少率/%	RLT/μm		减少率/%
						有磁场	无磁场		有磁场	无磁场	
8	12	22	45	0.14	0.10	3.38	3.73	9.4	10.35	11.35	8.8
9	15	10	45	0.24	0.15	3.52	3.98	11.6	11.26	12.57	10.4
10	15	14	50	0.19	0.10	3.49	3.88	10.1	10.77	11.85	9.1
11	15	18	35	0.14	0.25	3.47	4.67	25.7	10.53	12.98	18.9
12	15	22	40	0.09	0.20	3.52	4.61	23.6	11.34	13.39	15.4
13	18	10	50	0.14	0.20	3.88	4.45	24.0	12.04	14.63	17.7
14	18	14	45	0.09	0.25	3.37	4.85	30.5	10.22	13.64	25.1
15	18	18	40	0.24	0.10	4.11	4.50	8.7	12.15	13.53	10.2
16	18	22	35	0.19	0.15	4.36	4.90	11.0	13.83	14.79	6.5

5.3.2 放电状态观测

本小节通过霍尔（Hall）电流传感器和数字示波器采集放电电流波形，输入电流与输出电压之比为 50 A/V。图 5.9 为磁场辅助线切割和无磁场辅助线切割时的放电电流波形。从图 5.9（a）和（c）可以看出，正常放电火花中存在一定比例的电弧放电和短路现象混合，图 5.9（c）中异常放电状态的比例高于图 5.9（a）。另外，通过图像矩识别方法，在采用恒定磁场辅助进行放电加工时，平均正常放电比从 62%提高到 70%。

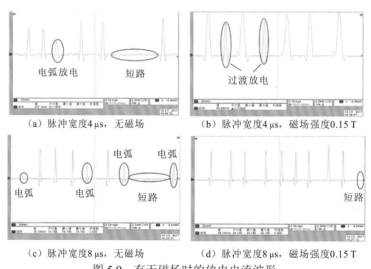

（a）脉冲宽度4 μs，无磁场　　　　　（b）脉冲宽度4 μs，磁场强度0.15 T

（c）脉冲宽度8 μs，无磁场　　　　　（d）脉冲宽度8 μs，磁场强度0.15 T

图 5.9　有无磁场时的放电电流波形

其主要原因如下。

（1）在传统电火花线切割加工中，由于放电间隙非常小，通过介质冲刷作用不能完全排出蚀除材料残渣，一部分蚀除残渣会再次附着或在工件表面重结晶，而一部分残渣会留在放电间隙中。由于介质绝缘程度低，残渣的存在会导致电弧放电和短路。

（2）随着脉冲时间的增加，被蚀除的残渣增多，脉冲时间越长，电弧放电和短路现象越明显。电弧放电对工件材料的蚀除作用很小，同时会产生大量的热能，过多的热能会对工件表面造成损伤或灼伤，而短路不能蚀除工件材料。这两种放电状态大大降低了加工效率及微观表面完整性。另外，图 5.9（b）和（d）为磁场作用于电火花线切割加工时的放电电流波形。实验结果表明，当脉冲时间为 4 μs 时，电弧放电和短路现象明显减少，会发生过渡电弧放电。过渡电弧放电是电弧放电与正常放电之间的过渡状态。

5.3.3　不同加工参数对表面粗糙度及重铸层厚度的影响

图 5.10 为不同放电加工参数对磁性材料 SKD11 样件微观表面完整性的影响趋势。从图中可以发现，表面粗糙度与脉冲时间呈正相关，因为单脉冲放电能量越高，产生的放电凹坑体积越大，工件表面越不平整。此外，表面粗糙度随放电电压 U 的升高而减小，

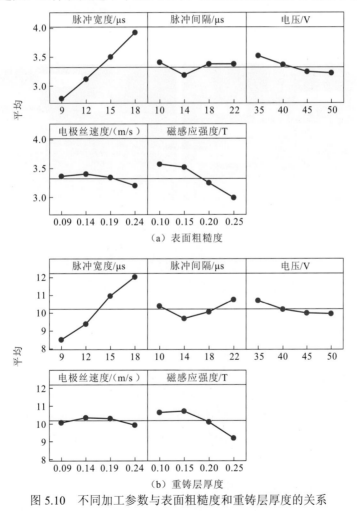

图 5.10　不同加工参数与表面粗糙度和重铸层厚度的关系

因为较高的放电电压可击穿较宽的放电间隙，通过介质冲刷作用可排出的残渣越多，再次附着或重结晶在工件表面的残渣就越少。另外，工艺参数对重铸层的影响趋势与表面粗糙度相似。

同时可以发现，磁感应强度对表面粗糙度和重铸层厚度有显著影响。当磁感应强度为 0.25 T 时，表面粗糙度和重铸层厚度的降幅最大，分别为 30.5%和 25.1%。如果作用在蚀除残渣上的洛伦兹力方向与介质冲刷方向相同，磁场辅助方式能有效增强蚀除的待冲刷残渣，较少的蚀除残渣会再次附着在工件表面或重结晶。此外，磁场也可显著降低异常放电状态的比率，利用更有效的放电能量去蚀除工件材料，使被高热量损伤的亚微观表面更少。总之，磁场辅助加工是提高磁性材料微观表面完整性的一种实用而有效的方法。

5.3.4　磁场参数对微观表面形貌的影响

图 5.11 为有无磁场辅助下，电火花线切割加工磁性材料 SKD11 的微观表面结构，其放大倍数为 200 倍。放电参数设置为脉冲宽度 18 μs、脉冲间隔 14 μs、放电电压 45 V、电极丝丝速 0.09 m/s、磁感应强度 0 T 和 0.25 T。

（a）无磁场　　　　　　　　　　（b）磁感应强度0.25 T

图 5.11　有无磁场时磁性材料 SKD11 的微观表面结构

从图 5.11 中可以发现，一定厚度的基体材料改变了其金相组织，其中在热影响区与基体材料之间有一个明显的边界。此外，热影响区微观结构颗粒较基体材料更加细密。在电火花线切割加工中，高频脉冲发生器为工件蚀除材料提供放电能量，人们普遍认为电火花线切割的机理是热蚀除过程，即通过熔化和气化的方式蚀除工件材料。另外，将一部分基体材料加热到奥氏体化温度，然后，由于介质的快速冲刷效应，这部分材料将转变为回火马氏体，并在这过程中析出一定比例的渗碳体。研究表明，热影响区材料比基体材料更硬、更脆，其残余应力明显高于基体材料（Zhang et al., 2011）。所以，应尽量减小热影响区厚度。对比图 5.11（a）与（b）可知，通过磁场辅助方式可将热影响区厚度从 130 μm 减小到 85 μm，磁场辅助方法可有效地提高工件的抗疲劳性、可靠性和使用寿命。

图 5.12 为 3 000 倍下有无磁场辅助的工件 SKD11 表面显微图，其放电参数如表 5.6 的第 10 组和第 11 组所示，磁感应强度分别为 0.1 T 和 0.25 T。

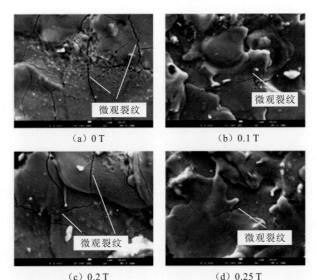

图 5.12 不同参数下有无磁场时磁性材料 SKD11 的微观裂纹

从图中可以看出，采用磁场辅助时，工件表面的微观表面裂纹数量更少，裂纹的长度、密度更小，无辅助磁场加工的工件表面裂纹多，裂纹长。

综上所述，采用磁场辅助电火花线切割精加工磁性材料 SKD11，可提高其正常放电波形比例，促进残渣排除，进一步降低表面粗糙度、重铸层厚度及热影响区，减少微观表面裂纹，形成更优的微观表面完整性。

5.4 非磁性材料加工微观表面完整性实验研究

5.4.1 工件材料、实验设备及实验设计

1. 工件材料

铬镍合金 Inconel 718 因其耐腐蚀、抗氧化性能好、强度高、高温蠕变寿命长等特点，广泛应用于航空航天、汽车轮船制造等行业中，特别是用于制造涡轮盘、压气机盘等部件。因此，本节选择铬镍合金 Inconel 718 作为实验的工件材料，其化学成分和物理特性分别列于表 5.7 和表 5.8 中。

表 5.7 铬镍合金 Inconel 718 的化学成分

项目	元素							
	Cr	Mo	C	Mn	Si	Ni	Nb	Ti
含量/%	18.43	3.20	0.04	0.07	0.07	51.03	5.80	1.02

表 5.8　铬镍合金 Inconel 718 的物理特性

特性	数值	单位
密度	8.2	g/cm^3
比热容	435	J/（kg·℃）
熔点	1 260	K
热导率	11.4	W/（m·K）
屈服强度	1 185	MPa
相对磁导率	1	—

2. 实验设备及实验设计

实验设备与 5.3.1 小节一致。根据之前的研究和文献调查，脉冲时间、水压、电极丝丝速和磁感应强度是影响磁场辅助线切割加工非导磁性材料微观表面完整性的主要因素。为此，本节进行 18 组单因素实验来研究磁场辅助电火花线切割加工非导磁性材料 Inconel 718 的微观表面完整性。工艺参数的数值及水平如表 5.9 所示，其中放电能量由小变大。

表 5.9　加工参数及水平

参数	符号	水平						单位
脉冲宽度	T_{on}	11	14	—	—	—	—	μs
水压	W_P	5	7	11	—	—	—	kgf
电极丝丝速	W_S	0.09	0.24	—	—	—	—	m/s
磁感应强度	M	0	0.05	0.1	0.15	0.2	0.25	T

3. 检测方法

检测方法采用超宽景深三维显微镜进行三维表面形貌检测，用 JEOL JSM-7600F 扫描电子显微镜在 1000 倍放大倍数下观测所有试样的表面裂纹。同时为进一步定量地表征磁场对材料蚀除过程的影响，分析磁场辅助电火花线切割加工的能量分配。在电火花线切割加工过程中，输入能量主要通过热辐射传递，由于放电过程中脉冲持续时间超短，可忽略对流效应，大部分能量通过热传导传导到阴极、阳极和电介质中。然而，如图 5.13 所示，能耗率（specific energy consumption，SEC）是蚀除单位体积特定材料所需的能量，而电解液流动和线切割浪费了相当大的能量。因此，在相同脉冲放电能量条件下，磁场可通过提高电火花线切割加工的有效能耗，以提高电火花线切割加工的性能。

在相同的加工条件下，切削速度（生产率）显著影响着能耗，提高切削速度，即可缩短加工时间，降低能耗。在以前研究的基础上，量化脉冲能量的变化对 SEC 的影响如下：

$$\text{SEC} = \frac{E}{V} \tag{5.16}$$

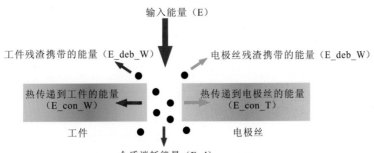

图 5.13　电火花线切割加工过程的能量消耗

式中：E 为消耗的能量；V 为蚀除材料的体积。脉冲宽度与峰值电流的组合决定了放电火花的能量，即

$$E = I \times U \times T_{\mathrm{on}} \qquad (5.17)$$

式中：I 为电流；U 为放电电压；T_{on} 为脉冲宽度。蚀除材料的体积为

$$V = \mathrm{MRR} = v_c \times H \qquad (5.18)$$

式中：v_c 为平均进给率；H 为工件厚度。

基于实验设计，18 组单因素磁场辅助电火花线切割加工非导磁性材料 Inconel 718 的结果如表 5.10 所示。

表 5.10　实验设计及结果

序号	T_{on}/μs	T_{off}/μs	W_P/kgf	W_S/(m/s)	M/T	SEC/(J/m²)	减少率/%
1	14	14	4	0.09	0	12 923.08	0
2	14	14	4	0.09	0.10	12 475.25	3.47
3	14	14	4	0.09	0.15	12 272.73	5.03
4	14	14	4	0.09	0.20	12 047.81	6.77
5	14	14	4	0.09	0.25	11 748.25	9.09
6	14	14	4	0.09	0.30	11 568.48	10.48
7	11	14	1	0.09	0	6 931.16	0
8	11	14	1	0.09	0.10	6 435.54	7.15
9	11	14	1	0.09	0.15	6 319.15	8.83
10	11	14	1	0.09	0.20	6 236.22	10.03
11	11	14	1	0.09	0.25	6 158.63	11.15
12	11	14	1	0.09	0.30	6 098.56	12.01
13	11	14	2	0.24	0	5 404.91	0
14	11	14	2	0.24	0.10	5 127.32	5.14
15	11	14	2	0.24	0.15	4 970.71	8.03
16	11	14	2	0.24	0.20	4 890.90	9.51
17	11	14	2	0.24	0.25	4 811.66	10.98
18	11	14	2	0.24	0.30	4 752.00	12.08

5.4.2 放电状态观测

电火花线切割加工的放电过程是由数控系统控制的，主要取决于电极丝与工件之间的电极间隙。如前面所述，过小或过大的电极间隙会导致异常的放电状态，如电弧、过渡电弧甚至短路。因此，放电波形表明了电火花线切割过程的稳定性及放电间隙的状况。放电脉冲状态不好的因素有很多，其中一个主要的原因就是加工蚀除残渣在电极间隙的积累。图 5.14 为在相同放电能量水平下，磁场辅助电火花线切割和常规电火花线切割的放电电压波形。如图 5.14（a）和（b）所示，通过对比磁场辅助电火花线切割与常规电火花线切割的放电波形可发现，磁场辅助方法的应用可通过减少异常放电状态如电弧和过渡电弧放电来提高正常放电的比例。

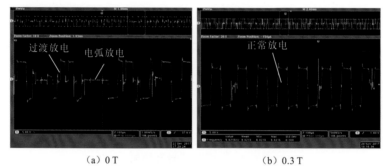

(a) 0 T (b) 0.3 T

图 5.14 有无磁场辅助下的放电电压波形（放电电流 4 A，脉冲宽度 7 μs）

图 5.15 为在有无磁场辅助下电火花线切割的放电电流波形。从图 5.15（a）中可以看出，在正常放电火花中混入了许多异常放电状态，如电弧放电和短路现象。电弧放电对工件材料的蚀除量很小，但产生的热能过多，会导致较大的热应力、热影响区，进而对加工微观表面质量造成损伤。相反，从图 5.15（b）中可以看出，电弧放电和短路现象明显减少，过渡电弧放电和正常放电比例增加，加工效率提高，也会促进更优微观表面完整性的形成。

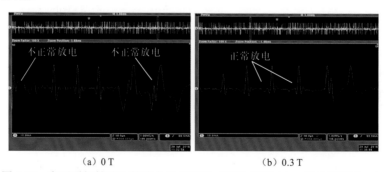

(a) 0 T (b) 0.3 T

图 5.15 有无磁场辅助下的放电电流波形（放电电流 4 A，脉冲宽度 7 μs）

放电波形的状态反映了电火花线切割工艺的加工性能，而更多正常放电有助于产生良好工件微观表面完整性。磁场在放电等离子体通道和加工残渣上产生的洛伦兹力和安培力，可通过减少电极表面的电子湍流，促进堆积残渣的有效清除，提高放电等离子体通道的稳定性，从而大大降低了异常放电脉冲状态的比例，最终保证电火花线切割加工的稳定性，提高加工性能。

5.4.3　不同放电参数对 SEC 的影响

表 5.10 和图 5.16 所示是磁场辅助电火花线切割加工不同放电参数下的 SEC。结果表明，随着磁感应强度的增大，SEC 逐渐减小。这表明磁场表现出积极作用，且作用程度随磁感应强度的增大而增强。结果还表明，在大、中、小三种放电能量参数下，磁场辅助电火花线切割均显著降低了 SEC，最大降低幅度分别为 10.48%、12.01%、12.08%。这进一步验证了磁场有助于转移更多的能量到工件表面，以促进材料蚀除和提高能源利用率。

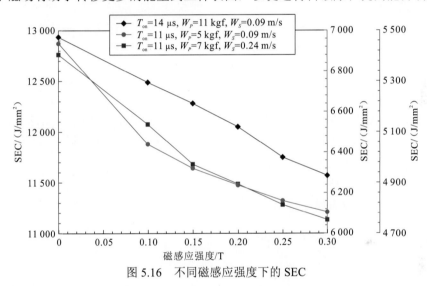

图 5.16　不同磁感应强度下的 SEC

5.4.4　磁场参数对表面粗糙度及微观表面形貌的影响

图 5.17 显示了磁场辅助电火花线切割和传统电火花线切割加工非导磁材料 Inconel 718 的三维表面形貌。从图中可以看出，在同样的加工条件下，磁场辅助电火花线切割加工的工件表面完整性优于传统电火花线切割加工的工件表面，包括更平滑的表面和更低的表面粗糙度，如图 5.17（a）和（b）所示，磁场辅助技术将最大表面粗糙度从 23.79 μm 降低到 20.60 μm。如图 5.17（c）和（d）所示，即使加工参数发生变化，磁场对表面质量也有明显的积极作用，表面粗糙度从 21.49 μm 降低到 19.84 μm。此外，磁场辅助电火花线切割加工不仅降低了表面粗糙度，还提高了表面形貌的一致性。从图 5.17（c）和（d）可知，图 5.16（d）中磁场辅助电火花线切割加工的表面形貌峰谷变化梯度明显低于图 5.17（c）中传统电火花线切割加工的表面形貌。这表明磁场辅助下的表面形貌明显更

平滑。上述分析表明，磁场对电火花线切割加工非导磁材料 Inconel 718 是有利的。这主要是因为磁场抑制了电极丝振动，减少了电弧放电和短路等异常放电的产生，这有助于更均匀的材料蚀除、更低的表面粗糙度和更好的微观表面完整性。

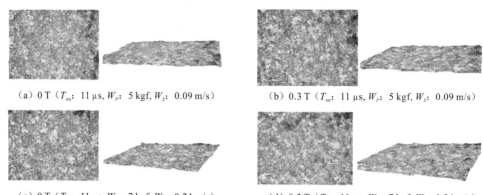

（a）0 T（T_{on}: 11 μs, W_P: 5 kgf, W_S: 0.09 m/s）　　（b）0.3 T（T_{on}: 11 μs, W_P: 5 kgf, W_S: 0.09 m/s）

（c）0 T（T_{on}: 11 μs, W_P: 7 kgf, W_S: 0.24 m/s）　　（d）0.3 T（T_{on}: 11 μs, W_P: 7 kgf, W_S: 0.24 m/s）

图 5.17　有无磁场辅助下的三维表面形貌

为了进一步探究磁场辅助电火花线切割加工 Inconel 718 表面的微观组织，通过 SEM 对其微观表面进行了观测，结果如图 5.18 所示。图 5.18（a）是脉冲时间为 11 μs、水压为 5 kgf、线材速度为 0.09 m/s、磁感应强度 0 T 时的微观表面结构；图 5.18（b）是脉冲时间为 11 μs、水压为 5 kgf、线速度为 0.09 m/s、磁感应强度 0.2 T 时的微观表面结构。从图中可以发现，与传统电火花线切割相比，磁场辅助电火花线切割加工的微观表面质量更好。通过磁场辅助技术，电火花线切割产生的裂纹长度和密度明显减小。这可能是因为磁场导致残渣从放电通道排出，从而产生更小的放电点和更正常的火花。

（a）0 T　　　　　　　　　　　（b）0.2 T

图 5.18　有无磁场辅助下的微观表面结构

综上所述，在磁场辅助电火花线切割加工非导磁性材料 Inconel 718 时，磁场可提高放电波形正常放电比例，促进残渣排除，进一步降低表面粗糙度，提高微观表面形貌的一致性，减小微观表面裂纹大小与密度，形成优质的加工微观表面完整性。

第 **6** 章

多工艺参数优化技术

在精密电火花线切割工程实际加工过程中，一方面，加工放电参数、非放电参数较多，且有些参数对加工效率及微观表面完整性特性如残余应力、表面粗糙度、重铸层厚度、微观表面形貌等的影响相互矛盾且相互制约；另一方面，各个工厂项目对加工效率或微观表面完整性的要求各不相同，且响应指标不仅只有一个，有的甚至有三个。这就导致了在工程实际加工过程中参数选择过程十分复杂也很困难，因此机床的操作者必须具备长期培训与丰富的实践经验才能较为准确地选择实际加工参数组合以获取期望的加工微观表面完整性。本章介绍基于实验研究，获得精密电火花线切割加工不同类型材料和工件时的各个加工参数对加工效率、加工精度、微观表面完整性的影响趋势，同时基于大量的实验数据，对精密电火花线切割加工效果的工艺参数进行优化并得到相关工艺指标的预测数据，从而极大地降低机床操作者的参数选择难度，也为其实际加工提供较为准确的参考。本章将从三种多目标优化算法入手，详细介绍各个算法的原理、优化指标及结果，并通过实验来证明所提出优化算法的有效性，也证明多工艺参数优化技术是提高精密电火花线切割加工效果的有效手段。

6.1 非支配排序遗传算法

6.1.1 算法简介

非支配排序遗传算法 II（non-dominated sorting genetic algorithm II，NSGA-II）是目前应用最为广泛的多目标优化算法之一，它可降低运算复杂度，具有较高的运算效率，而且计算收敛性好。NSGA-II 算法比 NSGA 算法更加优越，是一种进化算法，模仿达尔文（Darwin）生物进化法则。依据达尔文适者生存的原则，适应环境的个体被算法从种群中选出进行复制，再经过类似生物进化的基因遗传操作，产生更适应环境的新一代并组建新的种群，一代代的种群通过不断进化，最适应环境的个体最终由算法收敛获得。NSGA-II 采用快速非支配排序算法，同时引入密度估计算子和拥挤比较算子，其计算复杂度相对 NSGA 而言大幅降低，减少了算法耗时。密度估计算子是通过计算个体解之间的平均距离，评估个体解周边解集密度。拥挤比较算子是通过计算个体解的非劣等级和拥挤距离，以便形成均匀 Pareto 前沿。选择 Pareto 解时，先比较两个解的非劣等级并且选择较低等级。如果两个解的非劣级别相同，那么选择处于拥挤距离区域之外的解，以保证两个解之间的相邻距离。NSGA-II 算法的流程如图 6.1 所示。

6.1.2 正交加工实验

本次实验选用 YG15 模具钢进行多目标工艺优化加工实验研究，选用的精密线切割机床型号为 W-A530。加工样件为 40 mm 厚的 YG15 模具钢，精密线切割所用的铜丝直径为 0.25 mm，加工样件的切割长度为 10 mm，切深为 0.05 mm，其 MRR 的计算公式为

$$MRR = F_r \times H \tag{6.1}$$

式中：$F_r = \dfrac{60 \times l}{t}$ [l 为切割的长度（mm），t 为加工时间（s）]；H 为工件厚度。因而 MRR 的单位为 mm^2/min。

当加工完成后，在广州市计量检测技术研究院，由英国 Taylor-hobson（Talysurf CCI 6000）3D 白光干涉仪测量工件样件的表面粗糙度（S_z 和 S_q），3D 白光干涉仪的 x 轴和 y 轴的分辨率为 4 μm，z 轴的分辨率为 0.5 nm。由于精密 WEDM-LS 多目标工艺优化主要侧重于粗加工阶段，本小节的实验工艺参数条件参见表 6.1 中的 YG15 模具钢粗加工正交实验因素和水平设置，在此参数的设置下，其部分加工样件表面的三维形貌如图 6.2 所示，正交实验结果如表 6.2 所示。

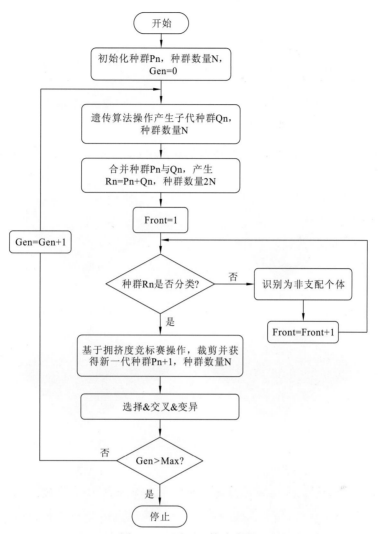

图 6.1　NSGA-II 算法流程

表 6.1　YG15 模具钢粗、精加工正交实验因素和水平设置

因素	粗加工水平			精加工水平			单位
	1	2	3	1	2	3	
T_{on}	3	8	13	5	9	15	μs
T_{off}	10	20	35	1	5	10	μs
I	—	—	—	1	3	5	A
Feed	1	2.5	4	0.3	0.5	0.9	mm/min
W_T	6	10	14	—	—	—	$1×10^{-1}$ kgf
W_S	3	4	6	—	—	—	m/min
W_P	5	11	—	4	6	—	kg/cm^2

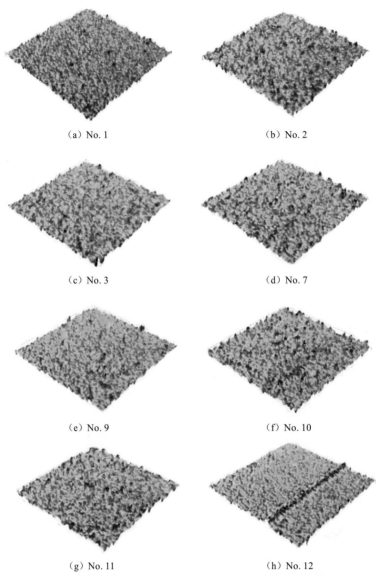

（a）No. 1　　　　　　　　　　　（b）No. 2

（c）No. 3　　　　　　　　　　　（d）No. 7

（e）No. 9　　　　　　　　　　　（f）No. 10

（g）No. 11　　　　　　　　　　　（h）No. 12

图 6.2　加工样件表面的三维形貌

表 6.2　精密电火花线切割加工 YG15 正交实验结果

序号	T_{on} /μs	T_{off} /μs	Feed / (mm/min)	W_T /0.1 kgf	W_S / (m/min)	W_P / (kg/cm²)	表面粗糙度 S_z /μm	表面粗糙度 S_q /μm	MRR / (mm²/min)
1	3	10	1.0	6	3	5	10.51	1.133	0.31
2	8	10	2.5	10	4	5	24.44	3.061	1.26
3	13	10	4.0	14	6	5	25.84	2.707	2.53
4	8	20	1.0	6	4	5	23.56	2.938	1.00
5	13	20	2.5	10	6	5	25.52	2.618	2.50

序号	T_{on} /μs	T_{off} /μs	Feed / (mm/min)	W_T /0.1 kgf	W_S / (m/min)	W_P / (kg/cm²)	表面粗糙度 S_z /μm	表面粗糙度 S_q /μm	MRR / (mm²/min)
6	3	20	4.0	14	3	5	10.62	1.418	0.10
7	13	35	1.0	10	3	5	29.78	3.726	0.98
8	3	35	2.5	14	4	5	29.25	2.466	0.05
9	8	35	4.0	6	6	5	22.69	2.184	0.98
10	8	10	1.0	14	6	11	24.96	3.191	0.98
11	13	10	2.5	6	3	11	30.63	4.022	2.45
12	3	10	4.0	10	4	11	12.71	1.28	0.22
13	3	20	1.0	10	6	11	17.18	2.386	0.07
14	8	20	2.5	14	3	11	25.06	3.073	1.41
15	13	20	4.0	6	4	11	30.61	4.012	2.27
16	13	35	1.0	14	4	11	27.69	3.766	1.00
17	3	35	2.5	6	6	11	25.6	3.041	0.01
18	8	35	4.0	10	3	11	7.001	1.032	0.85

6.1.3 基于混合核的高斯过程回归模型

高斯过程回归（Gauss process regression，GPR）模型是最近发展起来的一种建模方法，其回归模型主要依赖于高斯过程（Gaussian process，GP），该过程有严格的统计学习理论，是在贝叶斯（Bayes）框架下具有概率意义的核学习的一种新的机器学习方法。高斯过程回归模型在高维数、非线性、小样本等复杂领域回归问题有易实现、高性能等优点，具有良好的适用性。另外，高斯过程回归模型中的参数可在计算中自适应获取，具有非参数自动推断的特点，且对其预测输出具有概率意义上的解释。

设集合 $D = \{X_i, Y_i\}_{i=1}^n$ 包含 n 个训练样本，其中 $X_i \in R_d$ 为 d 维输入向量，Y 为 1 维输出。在本小节的 GPR 模型中，Y 可分别为电加工过程中的 MRR 和 Ra，工程应用上可假定是均值为零加性高斯噪声，并且假定该输出是独立同分布的。从概率上看，该数据集可被视为在 Y 的观测是独立同分布的假设下对条件分布 $P(Y|X)$ 的采样。这种关系可分解为一个系统变量与随机分量之和，即

$$y_i = f(x_i) + \varepsilon_i \tag{6.2}$$

式中：输出 y_i 包含隐函数 $f(x_i)$，它可视为高斯过程中输入向量 x_i 的随机变量，随机分量的高斯分量满足 $p(\varepsilon) = N(0, \sigma_n^2)$。

高斯过程回归是一种贝叶斯方法，它假定高斯先验分布适用于隐函数 $f(x_i)$，即 $f(x_i)$ 可由下式均值函数和协方差函数定义：

$$p(f(x)| x_1, x_2, \cdots, x_n) = N(0, K(X, X')) \tag{6.3}$$

式中：$f(x)$ 为由隐函数值表示的一个列向量，进而有

$$p(y|x_1,x_2,\cdots,x_n) = N(0, K(X,X') + \sigma_n^2 I) \qquad (6.4)$$

为了简单起见，不妨假设其均值为零；协方差由 $K(x,x')$ 协方差矩阵定义，它表征了非线性回归模型中的隐函数 $f(x_i)$ 的先验知识。$K(x,x')$ 协方差矩阵是由协方差函数（也称为核函数）确定，本节采用 Matern 核函数，其定义为

$$K(X_i, X_j) = \sigma_f^2 (1 + \sqrt{3M}(X_i - X_j)) \times \exp[-\sqrt{3M}(X_i - X_j)] \qquad (6.5)$$

式中：σ_f^2 为信号方差，通常初始化为 1，矩阵 $M = \mathrm{diag}(l)$ 为输入向量 X 的缩放因子。GPR 中的超参数由 $\theta = [\sigma_f^2, l, \sigma_n^2]$ 确定，在计算过程中可由高斯过程框架优化，其超参数 θ 可直接由训练数据推导出来。

在本小节研究中，GPR 使用的核函数为混合核函数，以提高模型的预测精度。混合核函数为平方指数（SE）核函数和 Matern 核函数，其中平方指数核函数定义为

$$K(X_i, X_j) = \sigma_f^2 \exp\left[-\frac{1}{2}(X_i - X_j)^T M^{-1}(X_i - X_j)\right] \qquad (6.6)$$

式中：$X_i, X_j \in R_d$ 为 d 维输入向量；σ_f^2 为信号方差，通常初始化为 1，矩阵 $M = \mathrm{diag}(l)$ 为输入向量 X_i、X_j 的缩放因子；Matern 核函数的定义参见式（6.5）。高斯过程回归方法在样本数量较小的情况下，比其他智能建模方法（BP 神经网络、支持向量机）更适合描述 EDM 加工过程，预测精度更高。应用混合核函数对精密 WEDM-LS 的加工过程进行建模，获取相关工艺指标的相对误差。相对误差是输出性能参数的实际值与预测值之间的差异，它用于评估回归模型的预测精度，其定义为

$$e\% = \frac{y_i^* - y_i}{y_i} \times 100 \qquad (6.7)$$

式中：y_i^* 为实际值（使用有限元方法数值模拟）；y_i 为预测值（使用 GPR 预测）。

然后，计算测试数据集中的输出性能参数（MRR 和 Ra）的平均相对误差（average relative error，ARE），其定义为

$$ARE\% = \frac{1}{n}\sum_1^n |e| \qquad (6.8)$$

表 6.2 中的精密电火花线切割正交实验结果随机划分为两部分，其中一部分 15 个样本为训练数据集，另外一部分 3 个样本为测试数据集。采用基于混合核的高斯过程回归建立模型，其中混合核函数的 Matern 核函数与 SE 核函数的权重比为 0.4。最终获得其 3 个样本的 S_z、S_q、MRR 的平均相对误差分别为 6.52%、7.43%、6.89%，证明该模型是可信的。

由于精密电火花线切割加工过程中的工艺参数比较多，对于 GPR 的交互作用工艺规律分析只侧重于主要的几个工艺参数，需对 S_z、S_q、MRR 进行主效应分析，其结果如表 6.3 所示。对于 S_z 而言，脉冲宽度、加工速度、电极丝速度是最主要的因素；对于 S_q 而言，脉冲宽度、加工速度、电极丝张力是最重要的因素；同样，对于 MRR 而言，脉冲宽度、脉冲间隔、加工速度是排在前三的因素。

表 6.3 精密 WEDM-LS 加工主效应分析

因素	相对因素效应			单位
	S_z/μm	S_q/μm	MRR/（mm²/min）	
脉冲宽度	33.75%	37.20%	52.49%	μs
脉冲间隔	6.78%	4.28%	18.57%	μs
加工速度	26.80%	23.00%	15.97%	mm/min
电极丝张力	14.16%	13.15%	5.45%	1×10^{-1} kgf
电极丝速度	18.23%	12.71%	6.08%	m/min
水压	0.28%	9.66%	1.44%	kg/cm²

图 6.3 给出了精密 WEDM-LS 加工中有重要影响的工艺参数及加工效果（S_z、S_q、MRR）之间的关系。核函数参数 1 为[8, 7, 6, 6, 6, 6]；混合核函数中，Matern 核函数与 SE 核函数的权重比为 0.36。图 6.3（a）～（c）描述了工艺参数与 S_z 之间的关系，其中脉冲宽度与电极丝速度、加工速度与电极丝速度之间对于 S_z 而言存在一定程度的交互作用，特别是在电极丝速度比较低的时候，这种交互作用更为明显，其对应的曲面弯曲程度更大。因此，在脉冲宽度参数设置比较大的情况下，要想获得比较好的 S_z，需提高电极丝速度或降低加工速度。图 6.3（d）～（f）描述了工艺参数与 S_q 之间的关系，从图中可以看出，脉冲宽度与电极丝张力、加工速度与电极丝张力之间对于 S_q 而言存在一定程度的交互作用，特别在电极丝张力比较小的时候与脉冲宽度之间的交互作用比较明显，而且脉冲宽度越宽其交互作用越强；对于加工速度与电极丝张力的交互作用而言，在电极丝张力比较小的时候，它们之间的交互作用都很明显，整个曲面整体产生弯曲。图 6.3（g）～（i）

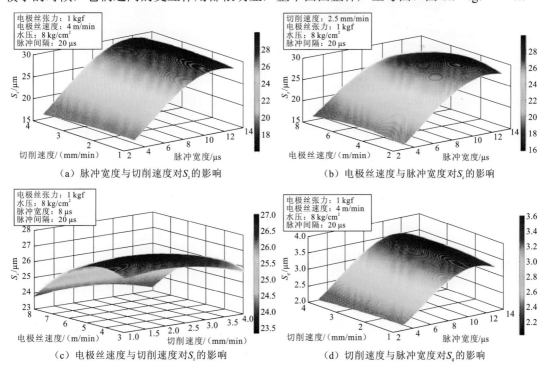

（a）脉冲宽度与切削速度对S_z的影响　　　　（b）电极丝速度与脉冲宽度对S_z的影响

（c）电极丝速度与切削速度对S_z的影响　　　　（d）切削速度与脉冲宽度对S_q的影响

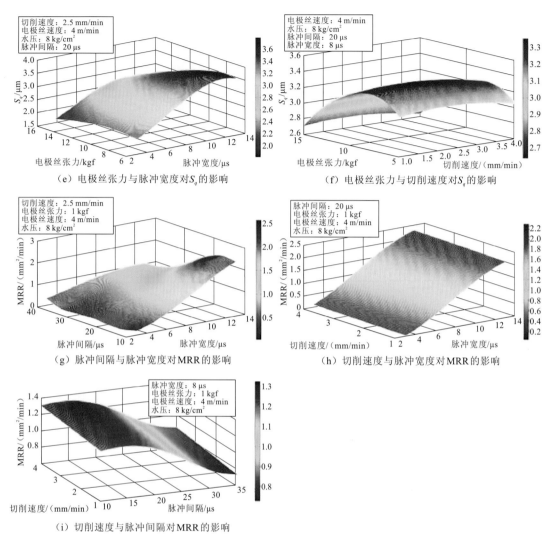

（e）电极丝张力与脉冲宽度对S_q的影响　　　　（f）电极丝张力与切削速度对S_q的影响

（g）脉冲间隔与脉冲宽度对MRR的影响　　　　（h）切削速度与脉冲宽度对MRR的影响

（i）切削速度与脉冲间隔对MRR的影响

图 6.3　精密 WEDM-LS 加工工艺参数与加工效果（S_z、S_q、MRR）之间关系

描述了工艺参数与 MRR 之间的关系，从图中可知，脉冲宽度与脉冲间隔之间对于 MRR 而言存在比较明显的交互作用，随着脉冲宽度的增大和脉冲间隔的减小，其曲面的斜率变化很大，它们之间的交互作用越来越强，而且 MRR 也有很大幅度的变化；脉冲间隔与加工速度之间对于 MRR 而言存在一定程度的交互作用，这种交互作用随着脉冲间隔的变大而加强。

6.1.4　多目标工艺优化研究

由上小节可知，精密电火花线切割加工工艺参数与加工效果（S_z、S_q、MRR）之间存在比较复杂的关系。因为工艺参数比较多，其多目标工艺优化不容易获取，所以在基于混合核的 GPR 基础上，利用该模型作为 NSGA-II 的目标适应度函数对精密电火花线切割加工进行多目标工艺优化。

材料表面三维表面粗糙度和 MRR 是电火花线切割加工的两个主要的评价指标。为了准确表征三维微米级表面形貌特征，其 S_z、S_q 视为两个独立目标。因此，本节的精密电火花线切割加工的多目标工艺优化分为两部分：一是 S_z 与 MRR、S_q 与 MRR 的两目标工艺优化；二是 S_z、S_q、MRR 的三目标工艺优化。通过两目标、三目标的工艺优化，寻找 Pareto 前沿所对应优化后的工艺参数。

1. 两目标工艺优化

精密电火花线切割的两目标优化，以分别最小化 S_z 与最大化 MRR 及最小化 S_q 与最大化 MRR 作为首要目标对工艺参数进行优化。NSGA-II 中，所有的目标函数都是获取最小值，因而 S_z 与 MRR 的两目标优化的目标函数如下：

（1）Objective 1=S_z；

（2）Objective 2=−MRR。

上式中，对 MRR 的目标函数取相反值。因此，NSGA-II 中 S_z 和 MRR 都是最小化作为优化目标。

在 6.1.1 小节 NSGA-II 算法应用的基础上，为了获得较好的 S_z 和 MRR 两目标优化效果，并兼顾算法运行效率，NSGA-II 的相关参数设置如下：

（1）种群大小（pop）=70；

（2）种群代数（gen）=180；

（3）变异分布系数（mu）=20；

（4）交叉分布系数（cr）=80。

精密电火花线切割加工中，S_z 和 MRR 两目标工艺优化 Pareto 前沿如图 6.4 所示。表 6.4 列出了 S_z 和 MRR 两目标工艺优化的 15 组部分加工工艺参数。从图 6.4 和表 6.4 中可以看出，其工艺参数都是使 S_z 向最小值或 MRR 最大值的方向进行优化，这些是 NSGA-II 允许所有非支配前沿共存的原因，它们都是非劣解。

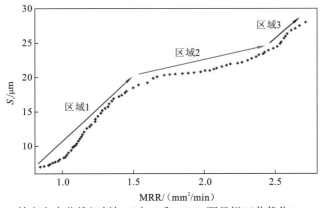

图 6.4　精密电火花线切割加工中 S_z 和 MRR 两目标工艺优化 Pareto 前沿

表 6.4　S_z 和 MRR 两目标工艺优化部分加工工艺参数

序号	T_{on} /μs	T_{off} /μs	Feed /(mm/min)	W_T /0.1 kgf	W_S /（m/min）	W_P /（kg/cm^2）	S_z /μm	MRR /（mm^2/min）
1	10.00	34.75	4.00	8.98	3.08	10.90	9.36	1.06
2	12.01	34.79	4.00	6.14	4.12	10.96	12.85	1.19
3	12.15	33.41	4.00	6.16	4.01	11.00	13.56	1.23
4	12.95	31.70	3.98	6.06	4.43	11.00	15.48	1.30
5	12.51	30.70	3.98	6.00	4.34	10.89	16.52	1.35
6	12.94	29.19	3.95	6.11	4.41	11.00	17.98	1.45
7	13.00	28.06	3.97	6.00	4.02	11.00	18.87	1.54
8	13.00	27.88	3.98	6.00	4.04	11.00	19.20	1.60
9	13.00	23.50	4.00	14.00	5.00	5.00	20.45	1.80
10	13.00	20.80	4.00	14.00	5.00	5.00	21.15	2.07
11	13.00	18.72	4.00	14.00	4.67	5.00	22.14	2.27
12	13.00	16.63	4.00	13.99	4.35	5.00	23.39	2.42
13	13.00	14.15	3.96	14.00	4.48	5.07	25.12	2.55
14	13.00	12.13	4.00	12.56	4.62	5.00	26.79	2.62
15	13.00	12.41	4.00	12.05	4.55	5.45	27.91	2.72

　　同样的方式，S_q 和 MRR 两目标优化的 NSGA-II 的相关参数设置与 S_z 和 MRR 两目标优化相同，其两目标优化 Pareto 前沿如图 6.5 所示。表 6.5 列出了 S_q 和 MRR 两目标工艺优化的 15 组部分加工工艺参数。与 S_z 和 MRR 两目标优化相似，其工艺参数都是使 S_q 朝最小值或 MRR 最大值的方向进行优化。

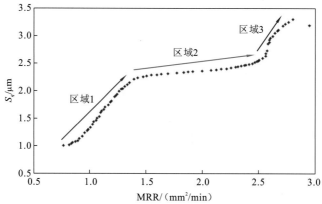

图 6.5　精密电火花线切割加工中 S_q 和 MRR 两目标工艺优化 Pareto 前沿

表 6.5 S_q 和 MRR 两目标工艺优化部分加工工艺参数

序号	T_{on}/μs	T_{off}/μs	Feed/(mm/min)	W_T/0.1 kgf	W_S/(m/min)	W_P/(kg/cm²)	S_q/μm	MRR/(mm²/min)
1	7.40	35.00	4.00	9.81	3.00	11.00	1.00	0.77
2	7.98	34.62	4.00	9.42	3.00	11.00	1.05	0.85
3	8.86	35.00	4.00	9.35	3.00	11.00	1.18	0.95
4	10.15	33.77	3.96	6.68	3.00	11.00	1.60	1.10
5	10.96	32.54	4.00	6.00	3.00	11.00	1.81	1.20
6	11.06	30.71	4.00	6.00	3.12	10.93	2.01	1.28
7	11.65	29.53	3.98	6.05	3.00	11.00	2.17	1.37
8	11.65	29.01	4.00	6.05	3.00	10.99	2.23	1.40
9	13.00	22.09	2.21	14.00	3.00	5.00	2.34	1.94
10	13.00	19.00	2.29	14.00	3.00	5.00	2.40	2.22
11	13.00	14.61	2.42	14.00	3.00	5.00	2.53	2.49
12	13.00	12.09	4.00	11.01	3.41	5.00	2.88	2.60
13	13.00	12.01	4.00	11.42	3.81	5.46	2.99	2.63
14	13.00	12.41	4.00	11.33	4.01	6.00	3.11	2.68
15	13.00	12.58	4.00	10.66	3.67	6.57	3.30	2.81

从图 6.4 和图 6.5 可以看出，MRR 在整体上是随着 S_z 和 S_q 的增大而增大，这意味着提高 MRR 是以牺牲加工表面的三维形貌特征评价下的表面粗糙度（S_z 和 S_q）为代价。它们的两目标优化 Pareto 前沿从整体上看曲线趋势比较相似，两图中所示的区域 1 表明 MRR 随着 S_z 和 S_q 的增大而迅速增大；区域 2 表明 MRR 随着 S_z 和 S_q 的增大而快速增大，不过这时 S_z 和 S_q 的增大速度在变慢，对提高加工效率非常有利；区域 3 表明 MRR 的增大趋势变慢，但是 S_z 和 S_q 却在迅速增长。

2. 三目标工艺优化

在多目标优化中，特别是高维目标的优化，NSGA-II 算法会面临种群多样性的退化和早期收敛的难题，从而导致该算法陷入局部最优解中。在多目标研究中，大多数文献是对算法的速度进行改进，很少对其多样性进行评估，但是在实际的工程问题中，寻找到合适、有效的工艺优化参数更为重要。因此，对于精密 WEDM-LS 的实数编码 NSGA-II 三目标优化算法，有必要提出一种评估种群多样性的方法，从而确保所获取的 Pareto 前沿的真实性和有效性。设 $X_t(I) = (x_t(I1), x_t(I2), \cdots, x_t(IL))$ 为第 t 代种群的个体，其中 L 为精密 WEDM-LS 加工的待优化工艺参数个数（本小节中 $L=6$），I 为个体的编号，取值范围从 1 到 N（N 为种群大小 pop）。因此，N 个所有个体构成的矩阵 $\boldsymbol{P} = [X_t(1), X_t(2), \cdots, X_t(N)]^T$ 的定义如下：

$$\boldsymbol{P}_{N \times L} = \begin{bmatrix} x_t(11) & x_t(12) & \cdots & x_t(1L) \\ x_t(21) & x_t(22) & \cdots & x_t(2L) \\ \vdots & \vdots & & \vdots \\ x_t(N1) & x_t(N2) & \cdots & x_t(NL) \end{bmatrix} \qquad (6.9)$$

由于本章中所采用的 NSGA-II 算法为实数编码，将每个工艺参数（$\boldsymbol{P}$ 矩阵中的 L 列）的取值范围分为 N 等份。如果 $\boldsymbol{P}$ 矩阵中的每列元素（总计 N 个元素）均匀分布在这 N 等份中，那么其种群的多样性就很好；相反，如果都分布在其中的一份中，那么个体间的差异很小，就很难产生不同的下一代。

对于基于实数编码的 NSGA-II 种群中每个工艺参数的多样性 D_p 定义为在其对应的 N 等份中出现的概率，即

$$D_p = \sum_{I=1}^{n} P(X_t(I)) \qquad (6.10)$$

式中：P 为计算 $X_t(I)$ 出现的概率，两个或两个以上个体出现在同一等份中只计算一次。如图 6.6 所示，设总的种群大小 pop＝10，将其工艺参数的取值范围分为 10 等份，每个个体出现在其中所对应的区间即以灰色方块标识，相反用白色方块标识。对于第 1 行，10 个个体都在每个区间各出现一次，故按照 D_p 的定义，此时种群中该工艺参数多样性 $D_p=1$；同样，对于第 4 行，如果所有 10 个个体都出现在同一个区间，那么 $D_p=0.1$；图中第 2 行和第 3 行所对应工艺参数的多样性 D_p 分别为 0.5 和 0.3。

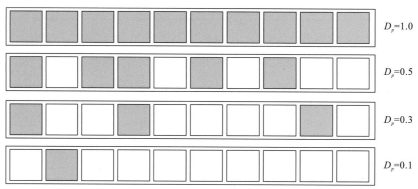

图 6.6　实数编码的 NSGA-II 种群多样性计算示意图（$N=10$）

在此基础上，对于实数编码的 NSGA-II 种群的总体多样性 D，其定义为

$$D = \frac{1}{L} \sum_{i=1}^{L} D_p \qquad (6.11)$$

NSGA-II 中，所有的目标函数都是获取最小值，因而 S_z、S_q、MRR 的三目标优化的目标函数如下：

（1）Objective 1＝S_z；

（2）Objective 2＝S_q；

（3）Objective 3＝－MRR。

为了验证 S_z、S_q、MRR 的三目标优化所获得的 Pareto 前沿的真实性和有效性，本小

节采用两组 NSGA-II 的相关参数对比实验，第一组如下：

（1）种群大小（pop）= 80；

（2）种群代数（gen）= 300；

（3）变异分布系数（mu）= 20；

（4）交叉分布系数（cr）= 80。

第二组加大了种群大小和种群代数，其他两项参数没有变化，其变化的参数如下：

（1）种群大小（pop）= 100；

（2）种群代数（gen）= 500。

精密电火花线切割加工中，S_z、S_q、MRR 的三目标优化 Pareto 前沿如图 6.7 所示。从图中可以看出，其工艺参数都是使 S_z 和 S_q 朝最小值或 MRR 最大值的方向进行优化，这与两目标优化相似，这是由于 NSGA-II 允许所有非支配前沿共存。对比图 6.7（a）与（b）可知，两图中圆圈所标记的 Pareto 前沿即为综合考虑了 S_z、S_q、MRR 后的部分最优结果，且两组实验的 Pareto 前沿差异不明显。表 6.6 列出了第一组实验 S_z、S_q、MRR 三目标工艺优化的 20 组部分加工工艺参数。

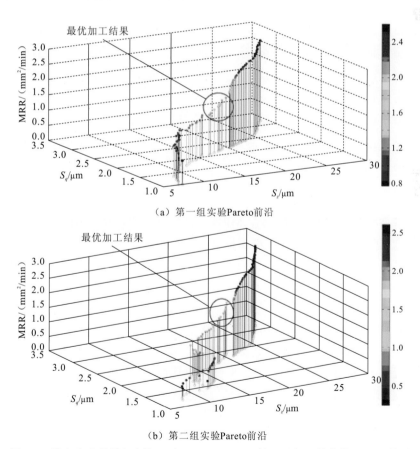

（a）第一组实验 Pareto 前沿

（b）第二组实验 Pareto 前沿

图 6.7　精密电火花线切割加工中 S_z、S_q、MRR 的三目标工艺优化 Pareto 前沿

表 6.6 S_z、S_q、MRR 三目标工艺优化部分加工工艺参数

序号	T_{on} /μs	T_{off} /μs	Feed /(mm/min)	W_T /0.1 kgf	W_S /(m/min)	W_P /(kg/cm²)	S_z /μm	S_q /μm	MRR /(mm²/min)
1	7.41	35.00	4.00	9.79	3.00	11.00	7.27	1.00	0.77
2	9.50	35.00	4.00	9.46	3.00	11.00	8.34	1.37	1.01
3	9.90	34.28	4.00	8.05	3.03	11.00	9.78	1.51	1.07
4	10.45	34.09	4.00	8.40	3.03	11.00	10.62	1.68	1.11
5	10.88	33.95	4.00	8.01	3.05	11.00	11.42	1.80	1.15
6	10.80	31.98	3.95	7.26	3.04	11.00	13.64	1.91	1.20
7	11.07	30.28	3.94	7.25	3.05	10.95	16.04	2.12	1.29
8	13.00	28.85	3.86	6.00	5.96	10.92	18.63	2.20	1.47
9	13.00	28.15	3.86	6.09	6.00	11.00	19.26	2.25	1.52
10	13.00	27.17	3.96	6.11	6.00	11.00	20.20	2.34	1.59
11	12.94	22.01	4.00	14.00	3.07	5.00	20.53	2.30	1.97
12	12.94	21.53	4.00	14.00	3.07	5.08	20.76	2.32	2.02
13	13.00	20.88	3.93	13.93	3.01	5.00	20.91	2.32	2.08
14	13.00	20.23	4.00	14.00	3.00	5.00	21.07	2.33	2.14
15	12.92	19.59	4.00	14.00	3.00	5.00	21.37	2.35	2.19
16	13.00	18.98	4.00	14.00	3.00	5.02	21.65	2.37	2.25
17	13.00	17.31	3.97	14.00	3.00	5.08	22.60	2.43	2.38
18	13.00	13.94	3.76	14.00	3.00	5.00	24.30	2.53	2.54
19	13.00	12.30	3.88	13.40	3.13	5.00	25.46	2.65	2.58
20	13.00	12.55	4.00	10.92	3.72	6.50	29.38	3.22	2.61

　　为了验证两组参数设置下 S_z、S_q、MRR 三目标优化 Pareto 前沿的有效性,图 6.8 显示了两组参数对应下的 NSGA-II 种群多样性。图 6.8 中 $D_a \sim D_f$ 分别为脉冲宽度、脉冲间隔、加工速度、电极丝张力、电极丝速度、水压 6 个种群中的工艺参数 D_p 多样性,图 6.8 中 D 为种群总体多样性。从图 6.8(a)可以看出,种群总体多样性 D 随着进化代数的增长而减小,大约 150 代后,其值小于 0.3,开始出现收敛;脉冲宽度、加工速度和水压工艺参数的多样性变化趋势也与种群总体多样性 D 相似,其中加工速度的多样性 D_c 呈现快速下降,在 300 代时为 0.08,这说明它已经接近收敛,表 6.6 中最优加工速度大部分在 4.00 附近,也说明了这一点;图 6.8(a)中其他三个工艺参数的多样性随着进化而出现一定程度的波动,其范围在 0.2~0.5,这也说明其基因没有过早收敛,从而保持了一定程度上的多样性。图 6.8(b)从整体上看与图 6.8(a)比较相似,其种群总体多样性 D 与图 6.8(a)相似,大约在 150 代之后其值小于 0.3,也是开始出现收敛。其他的 6 个工艺参数的多样性也与图 6.8(a)相似,加工速度的多样性 D_c 在 300 代后出现收敛,

种群中其他的工艺参数也能保持一定程度上的多样性。因此，对比这两组种群多样性实验，种群大小 pop＝80 和种群代数 gen＝300 也能满足精密 WEDM-LS 的 S_z、S_q、MRR 的三目标工艺优化，因而 S_z、S_q、MRR 三目标工艺优化的最优参数组合可参考表 6.6。

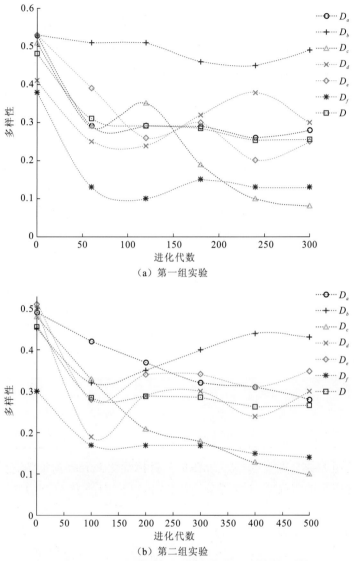

图 6.8　S_z、S_q、MRR 的三目标工艺优化的种群多样性

6.1.5　实验验证

为了验证本小节中所提出的精密电火花线切割多目标工艺优化方法的准确性和有效性，选择有代表性的 S_z、S_q、MRR 的三目标工艺优化进行实验验证，其验证实验针对表 6.6 中的编号为 2、7、9、18 的四组工艺参数组合，实验中的相关设置、步骤、方法、

检测仪器与 6.1.2 小节相同。相关对比结果如表 6.7 所示。从表中可以看出，S_z、S_q、MRR 的相对误差都在可接受的范围内，最大不超过 20%，随着工艺参数的变化（表 5.10），其 MRR 在不断增大，不过加工表面的三维形貌特征评价下的表面粗糙度 S_z 和 S_q 也在不断地变差。

表 6.7 S_z、S_q、MRR 三目标工艺优化与验证实验对比

编号	优化结果			验证实验			相对误差/%		
	S_z/μm	S_q/μm	MRR/（mm²/min）	S_z/μm	S_q/μm	MRR/（mm²/min）	S_z	S_q	MRR
2	8.34	1.37	1.01	9.89	1.56	0.91	18.60	14.26	10.82
7	16.04	2.12	1.29	18.56	2.36	1.12	15.71	11.34	15.36
9	19.26	2.25	1.52	22.85	2.52	1.39	18.66	12.05	9.23
18	24.30	2.53	2.54	27.42	2.76	2.28	12.86	9.06	11.62

高的能量密度（宽脉冲宽度、窄脉冲间隔）会导致放电凹坑的直径和深度都很大，从而能获取更为理想的 MRR，但是也带来了负面的作用，导致 S_z 和 S_q 变差以及表面裂纹的产生，图 6.9 中的验证实验 SEM 照片也说明了这一点。图 6.9（d）中的凹坑要比图 6.9（a）中大一些，其裂纹也要明显得多，这是由于图 6.9（d）中的放电能量更大一些，易产生更多的气泡，材料蚀除也更为剧烈，从而导致比较差的三维表面粗糙度。从实验验证情况来看，本小节所提出的多目标工艺优化方法是切实可行的，而且满足工程应用的精度。

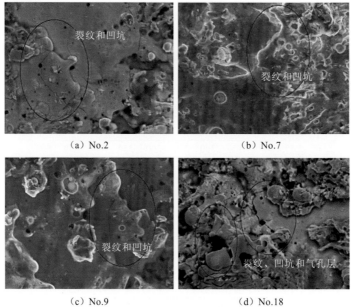

（a）No.2   （b）No.7   （c）No.9   （d）No.18
图 6.9 验证实验 SEM 照片

6.2　非支配邻域免疫算法

6.2.1　算法简介

非支配邻域免疫算法（non-dominated neighbor immune algorithm，NNIA）（Gong et al.，2011）基于免疫反应中抗体的共存共生和少数抗体激活的现象。NNIA 有几个重要的特征如下。

（1）少数相对分离的非支配个体通过非支配邻域被选择为活性抗体。

（2）根据活性抗体的拥挤程度进行等比例克隆操作。

（3）采用重组操作和突变操作对 Pareto 前表面的稀疏区域进行增强搜索。

NNIA 算法最突出的优点是不受目标函数和响应目标数量的限制，不需要梯度信息和固有的并行性。

NNIA 智能算法包括以下几个步骤。

（1）建立和初始化抗体群体和优势群体（所有非优势个体）。

（2）计算所有优势个体的拥挤距离值，选择 N 个拥挤距离值最低的个体来明确其中的优势抗体。

（3）依次进行非支配邻域选择、等比例克隆、重组和超突变，以获得活性抗体和克隆群体。

（4）结合活性抗体和克隆群体获得抗体群体。

（5）重复上述步骤，直到最终得到近似的 Pareto 最优集。

该算法中最重要的是步骤（3），其具体细节如下。

① 基于非支配邻域选择。非支配邻域选择就是利用从占主导地位的群体中挑选出具有最低拥挤距离值的活性抗体。在该操作中，如果优势群体的规模小于活性抗体的最大规模，那么选择所有的非优势抗体为活性抗体。此外，在优势群体中选择拥挤距离值最低的 N 种非优势抗体作为活性抗体。

② 等比例克隆。等比例克隆过程如图 6.10 所示，$(a_i^1, a_i^2, \cdots, a_i^{p_i})$ 的性质与 a_i 一致。这一过程的目的是在目前的权衡前沿全面搜索不太拥挤的地区。克隆的基本步骤包括克隆、抗体亲和成熟操作和抗体选择。从非优势抗体群体中选择一些活性抗体（定义为 $\boldsymbol{A} = [a_1, a_2, \cdots, a_{|A|}]$），然后进行等比例克隆操作 $\boldsymbol{T}_c^C$，且

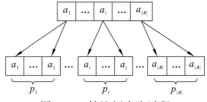

图 6.10　等比例克隆过程

$$T_c^C[a_1, a_2, \cdots, a_{|A|}] = T_c^C(a_1), T_c^C(a_2), \cdots, T_c^C(a_{|A|})$$
$$= (a_1^1, \cdots, a_1^{p_1}), (a_2^1, \cdots, a_2^{p_2}), \cdots, (a_{|A|}^1, \cdots, a_{|A|}^{p_{|A|}}) \tag{6.12}$$

式中: $T_c^C[a_i] = [a_i^1, a_i^2, \cdots, a_i^{p_i}]$; $a_i^j = a_i$; $j = 1, 2, \cdots, p_i$; $i = 1, 2, \cdots, |A|$。并且 p_i 表示第 i 个抗体的克隆比例大小，其表达式为

$$p_i = \left\lceil \frac{1/P(a_i, A)}{\sum_{j=1}^{n} 1/P(a_i, A)} \times N \right\rceil \tag{6.13}$$

式中: $P(a_i, A)$ 为抗体 a_i 的拥挤度值; N 为抗体克隆比例尺寸; [ ]为捕捉运算符。当克隆体尺寸为 1，即 $N=1$ 时，表明抗体未被克隆。在该算子中可计算出，抗体克隆群体的大小随着抗体拥挤距离的增大而增大。因此，排斥阈值的抗体需进行更多的克隆操作，并且其收敛空间和收敛速度将得到显著提高。另外，边界个体的拥挤距离设为其他活性抗体拥挤距离最大值的两倍。

③ 重组和超突变。$B = [b_1, b_2, \cdots, b_{|B|}]$ 为通过等比例克隆活性抗体 $A = [a_1, a_2, \cdots, a_{|A|}]$ 得到的，重组因子 T_r^C 被用于获得 B，其表达式为

$$T_r^C[b_1, b_2, \cdots, b_{|B|}] = T_r^C(b_1), T_r^C(b_2), \cdots, T_r^C(b_{|B|})$$
$$= \text{crossover}(b_1, A), \text{crossover}(b_2, A), \cdots, \text{crossover}(b_{|B|}, A) \tag{6.14}$$

式中: $\text{crossover}(b_i, A)$ $(i = 1, 2, \cdots, |B|)$ 为克隆种群 b_i 与活性抗体 A 的交叉因子。通过上述算子，可找到两个后代个体，然后随机选择一个个体作为最终值。超突变操作也可称为超变异，也就是说，每个抗体的某个基因位发生了突变。采用静态超变异算子作为变异策略，变异数与适应度值不相关。$R = [r_1, r_2, \cdots, r_{|R|}]$ 为由 B 通过超突变因子 T_H^C 获得的重组种群，其表达式为

$$T_H^C[r_1, r_2, \cdots, r_{|R|}] = T_H^C(r_1), T_H^C(r_2), \cdots, T_H^C(r_{|R|}) = \text{mutate}(r_1), \text{mutate}(r_2), \cdots, \text{mutate}(r_{|R|}) \tag{6.15}$$

式中: $\text{mutate}(r_i)$ $(i = 1, 2, \cdots, |R|)$ 为每个个体将进行大约 $m \times pm$ 次的超突变操作，每个抗体 r_i 的基因位将基于一般突变算子发生突变。

在 NNIA 中，拥挤距离为抗体群体中目标个体与周围个体的距离之和，将抗体的拥挤距离值赋给优势群体的适应度值，越高的拥挤距离值意味着抗体稀疏度越大。因此，这些不太拥挤的抗体被重点作为重组和超突变算子，并在稀疏区域进行有效搜索。

6.2.2 算法改进

在 NNIA 算法中，只选择少数非支配个体进行克隆、突变等操作。当非支配解数量不足时，算法的性能会受到显著影响。因此，在个体克隆阶段，基于博弈论可设计一个资源分配模型来解决这个问题。采用动态控制操作来确定个体的克隆数，可更合理地分配计算资源。

首先，根据非支配关系将克隆分为 Rank(i)，它代表级别 i，而 Rank(1)级别最高，优于其他个体。然后，根据个体 Rank(i)在所有个体中的比例 r，将资源配置模型分为早期

模型、中期模型和后期模型。根据不同的模型采取相应的克隆策略。

1. 早期模型（$r \leqslant \frac{1}{3}$）

这个阶段的优秀个体很少，根据博弈论，需抑制第二级别 Rank(2)的个体克隆数量，并保证第一级别 Rank(1)的所有个体不受影响，即

$$
\begin{cases}
\mathrm{NC}(1) = \left[\mathrm{NF}_1 + (1-s)\mathrm{NF}_2\right] \\
\mathrm{NC}(2) = s \cdot \mathrm{NF}_2 \\
\mathrm{NC}(i) = \mathrm{NF}(i) \quad (3 \leqslant i \leqslant n) \\
s = \dfrac{\mathrm{NF}_1}{\mathrm{NF}_1 + \mathrm{NF}_2}
\end{cases}
\tag{6.16}
$$

式中：NF(i)为原始克隆尺寸大小；NC(i)为基于资源分配的第 i 级克隆尺寸大小。

2. 中期模型（$\frac{1}{3} < r < \frac{2}{3}$）

本阶段优秀个体数量增加，但仍不能忽略其他层次个体的影响。因此，有必要抑制除第一级别 Rank(1)以外的个体的克隆数量。克隆的尺寸大小可通过下式得到：

$$
\begin{cases}
\mathrm{NC}(1) = [\mathrm{NF}(1) + (1-s)\mathrm{NF}(2)] \\
\mathrm{NC}(i) = s \cdot \mathrm{NF}(i) \quad (2 \leqslant i \leqslant n)
\end{cases}
\tag{6.17}
$$

3. 后期模型（$r \geqslant \frac{2}{3}$）

这个阶段优秀个体的数量增加了很大的比例，其他个体对其影响微乎其微。因此，一个个体的克隆大小可通过基于其他所有个体之间拥挤距离的等比例克隆得到。

该资源分配模型旨在提高 NNIA 的稳定性及适用范围，有助于解决数据更加繁杂的多目标问题。

6.2.3　广义回归模型

本小节的目的是进一步提高磁场辅助电火花线切割加工的微观表面完整性，首先建立不同微观表面完整性指标的数学回归模型，为开展后续工艺参数优化及微观表面完整性预测提供支持。在实际工厂加工过程中，虽然微观表面完整性十分重要，但 MRR 也非常重要，这两种类型的工艺指标缺一不可，否则即使能够获得较好的工件微观表面完整性，但 MRR 过低的话，也会大大增加时间和经济成本，难以满足实际加工需求。因此，选取表面粗糙度、重铸层厚度和 MRR（可反映有效蚀除率）这三个工艺指标为模型目标，综合反映磁场辅助电火花线切割的加工效果。同时选取不同加工参数如脉冲宽度（T_{on}）、脉冲间隔（T_{off}）、放电电压（U）、电极丝丝速（W_S）和磁感应强度（M）为模型输入参数。相比较于非导磁性材料，磁场辅助电火花线切割加工导磁性材料的影响规律更为复杂，因此所建回归模型的具体实验加工数据选择为第 5 章磁场辅助电火花线切割加工导磁性材料 SKD11 时的结果，如表 5.6 所示。

广义回归模型的具体步骤如下。

（1）选取模型目标。目标为准确可靠的表面粗糙度、重铸层厚度、MRR 预测模型。

（2）进行残差分析。这一步是用于检验实验结果数据是否符合正态分布规律，保证预测模型的可靠性。

（3）进行全因子二次回归。这一步是将所有输入参数因素的单向、二次项、交叉项都考虑在内，从而建立回归模型。

（4）对上述所建立的回归模型进行优化回归分析。这一步是根据所建立广义回归模型的适应值百分率和 P 值来判断模型的优劣，从而可去除模型中的某些参数项以获得目标的最优广义拟合回归模型（适应值百分率需大于 90%，P 值需小于 0.05）。

根据上述步骤，建立表面粗糙度、重铸层厚度、MRR 的广义回归数学模型，其回归方程为

$$SR = -1.883\,84 + 0.594\,43 \times T_{on} - 0.060\,547 \times T_{off} + 0.123\,75 \times U + 0.035\,697\,7 \times W_S$$
$$- 4.496\,67 \times M + 0.001\,484\,37 \times T_{off}^2 - 0.001\,642\,56 \times T_{off} \times W_S \qquad (6.18)$$
$$- 0.011\,277\,8 \times U \times T_{on} - 0.004\,062\,5 \times W_S^2$$

$$RLT = -4.643\,24 + 0.770\,35 \times T_{on} + 0.191\,156 \times T_{off} + 0.474\,092 \times U - 0.128\,073 \times W_S$$
$$- 17.108\,2 \times M - 0.011\,444\,4 \times T_{on} \times U + 0.021\,523\,4 \times T_{off}^2 - 0.023\,171\,4 \times T_{off} \times U \qquad (6.19)$$
$$+ 0.004\,304\,04 \times T_{off} \times W_S + 0.397\,907 \times T_{off} \times M$$

$$MRR = -2.418\,56 + 1.378\,63 \times T_{on} - 0.594\,385 \times T_{off} + 0.127\,508 \times U + 0.086\,740\,5 \times W_S$$
$$+ 4.303 \times M + 0.018\,647\,5 \times T_{on}^2 - 0.048\,479\,2 \times T_{on} \times T_{off} - 0.011\,383\,3 \times U \qquad (6.20)$$
$$+ 0.026\,290\,9 \times T_{off}^2 - 0.006\,130\,95 \times W_S \times U$$

采用方差分析法来评价上述所建回归模型的精度，图 6.11 和表 6.8 分别为上述三个回归模型的残差和方差分析。从图 6.11 可以看出，表面粗糙度、重铸层厚度、MRR 的回归模型残差基本位于一条直线附近，这表明拟合残差是均匀分布的，证明了模型的可靠性。另外从表 6.8 可以发现，上述三个回归模型的 P 值都小于 0.01，也就是说其模型置信区间为 99%，这也证明了这三个回归模型在统计学上的结果是可信的，能够用于后续优化算法中。

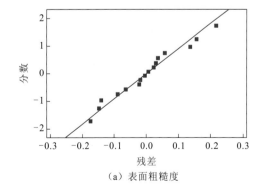

（a）表面粗糙度

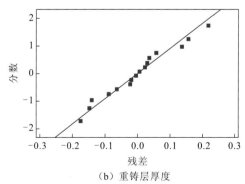

（b）重铸层厚度

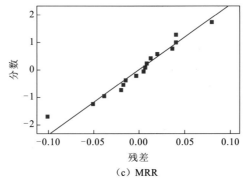

（c）MRR

图 6.11　三个回归模型的残差分析

表 6.8　三个回归模型的方差分析

项目	MRR			表面粗糙度			重铸层厚度		
	模型	方差	总值	模型	方差	总值	模型	方差	总值
D_f	10	5	15	9	6	15	10	5	15
S_{eq} SS	124.84	0.027	124.85	3.98	0.014	3.99	41.07	0.18	41.25
A_{dj} SS	124.84	0.027	—	3.98	0.014	—	41.07	0.18	—
A_{dj} MS	12.48	0.005	—	0.44	0.002	—	4.107	0.04	—
F	2339.4			189.57	—		114.41		
P	0	—	—	0.000 1%	—	—	0.003%	—	—

6.2.4　算法优化结果

为进一步验证所提出优化算法的多目标优化的优点，基于第 5 章磁场辅助电火花线切割加工磁性材料 SKD11 时的相关加工参数及微观表面完整性实验结果，进行相关算法 NSGA-II、NNIA 与 M-NNIA 优化结果对比及实验验证。其中 NSGA-II 算法由于其较好的优化效率和收敛性，是目前应用最广泛的智能优化算法之一，在 6.1 节有详细介绍。本次多目标优化选择最大化 MRR、最小化表面粗糙度和重铸层厚度三目标进行优化，三种优化算法的流程图如图 6.12～6.14 所示。

图 6.15 显示了 NSGA-II、NNIA、M-NNIA 算法优化三目标的 Pareto 最优解。图 6.16 显示了 NSGA-II、NNIA、M-NNIA 算法优化两目标的三组 Pareto 最优解。从图 6.15 和图 6.16 可以看出，NNIA 的最佳解位于 NSGA-II 最佳解的下方，说明在相同 MRR 下，NNIA 优化后的微观表面完整性优于 NSGA-II。还可以发现，NNIA 的最佳剖面比 NSGA-II 更平滑，波动性更小。换句话说，NNIA 比 NSGA-II 表现出更好的收敛性。也就是说，NNIA 在处理三目标优化问题上比 NSGA-II 具有更好的优化性能，这与文献（Gong et al.，2011）的结论一致。此外，还可以发现，M-NNIA 所得到的 Pareto 最优前沿解与 NNIA 所得到的 Pareto 最优前沿解非常接近，可以证明该 M-NNIA 是可行

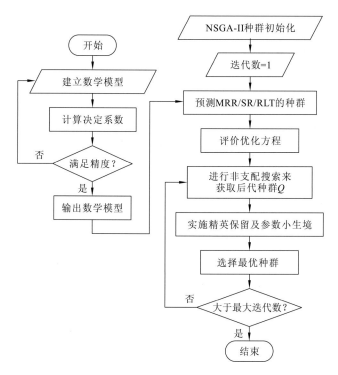

图 6.12　NSGA-II 算法优化流程图

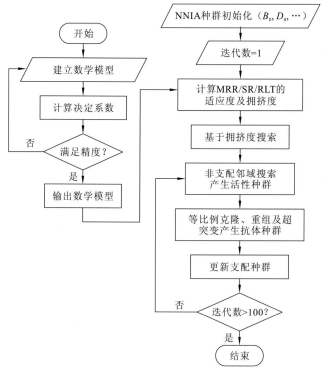

图 6.13　NNIA 算法优化流程图

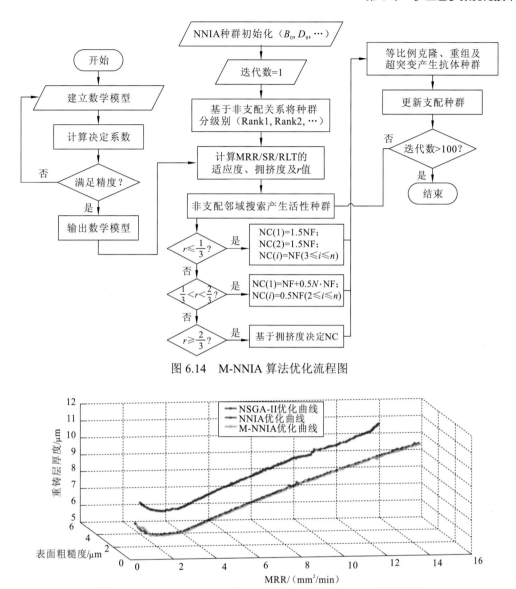

图 6.14　M-NNIA 算法优化流程图

图 6.15　NSGA-II、NNIA 和 M-NNIA 三目标的 Pareto 优化曲线

和可靠的。M-NNIA 的最佳剖面也比 NNIA 的最佳剖面低，证明该 M-NNIA 优化的参数能获得更优的加工微观表面完整性。具体而言，如图 6.16 所示，采用 NSGA-II、NNIA、M-NNIA 所优化得到的最大 MRR 分别为 MRR = 13.38 mm²/min，MRR = 15.03 mm²/min，MRR = 15.10 mm²/min；最小表面粗糙度分别为 SR = 1.79 μm，SR = 1.21 μm，SR = 1.18 μm；最小重铸层厚度分别为 RLT = 7.10 μm，RLT = 5.93 μm，RLT = 5.89 μm。也就是说，与 NSGA-II 相比，NNIA 算法在 MRR 方面提高了 12.34%，在 SR 和 RLT 方面分别降低了 32.49% 和 16.53%。与 NSGA-II 相比，改良 NNIA 在 MRR 方面提高了 12.79%，在 SR 和 RLT 方面分别降低了 34.02% 和 17.00%。在相同的高 MRR（MRR = 8 mm²/min）

下,采用改进的 NNIA 算法可获得最佳的微观表面完整性为 SR＝2.62 μm,RLT＝7.93 μm,相比较于 NSGA-II 算法分别降低了 19.63% 和 13.90%。这些结果都表明,M-NNIA 算法不仅可以获得更好的微观表面完整性优化效果,还能在保证较高 MRR 的情况下,大大提高加工微观表面完整性。表 6.9～表 6.11 分别列出了三种优化算法从整体解中各获取的 4 组较好的 Pareto 最优解,其中每个表的第 4 组 Pareto 最优解兼顾了 MRR 和微观表面完整性。此外,从图 6.17 可以看出,与 NNIA 相比,M-NNIA 算法随着迭代次数的变化,稳定性有了很大的提高。当迭代次数为 20 次时,M-NNIA 得到了较好的优化曲线,而 NNIA 算法则必须迭代次数大于 50 次时,才能获得较好的优化曲线,这表明 M-NNIA 算法可以大大提高计算效率。

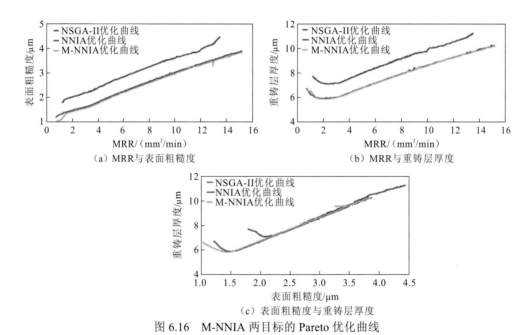

（a）MRR与表面粗糙度　（b）MRR与重铸层厚度　（c）表面粗糙度与重铸层厚度

图 6.16　M-NNIA 两目标的 Pareto 优化曲线

表 6.9　NNIA 优化算法的 Pareto 解

序号	优化参数					NNIA		
	T_{on}/μs	T_{off}/μs	U/V	W_S/(m/s)	M/T	MRR/（mm²/s）	SR/μm	RLT/μm
1	8.60	16.83	45	0.21	0.10	15.04	3.88	10.20
2	7.21	19.78	48	0.15	0.19	0.66	1.21	6.71
3	8.58	17.33	42	0.27	0.08	2.04	1.49	5.93
4	13.50	14.66	36	0.26	0.18	8.00	2.66	7.96

表 6.10 NSGA-II 优化算法的 Pareto 解

序号	优化参数					NSGA-II		
	T_{on}/μs	T_{off}/μs	U/V	W_S/(m/s)	M/T	MRR/（mm²/s）	SR/μm	RLT/μm
1	18.00	10.00	35	0.19	0.20	13.39	4.44	10.20
2	8.00	19.82	35	0.29	0.20	1.14	1.79	6.71
3	8.00	11.65	35	0.29	0.20	2.40	2.08	5.93
4	13.47	10.00	35	0.26	0.20	8.00	3.26	9.21

表 6.11 M-NNIA 优化算法的 Pareto 解

序号	优化参数					M-NNIA		
	T_{on}/μs	T_{off}/μs	U/V	W_S/(m/s)	M/T	MRR/（mm²/s）	SR/μm	RLT/μm
1	18.76	10.44	49	0.25	0.15	15.09	3.87	10.19
2	9.21	18.70	48	0.27	0.20	1.08	1.18	6.31
3	12.76	17.53	37	0.26	0.12	2.13	1.49	5.89
4	15.05	17.32	36	0.29	0.06	8.00	2.62	7.93

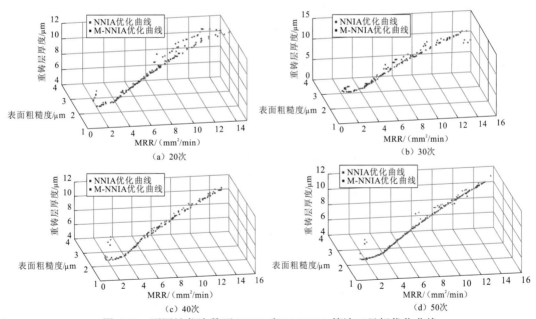

图 6.17 不同迭代次数下 NNIA 和 M-NNIA 算法三目标优化曲线

综上所述，所提出 M-NNIA 算法在多目标优化方面不仅可以获得更好的优化效果，还可以提高优化效率，进一步提高磁场辅助电火花线切割加工的加工效果。

6.2.5 实验验证

为了进一步验证所提出优化算法的有效性和可靠性,还须对该优化算法所优化的工艺参数及预测的微观表面完整性指标进行实验验证。因此本节进行基于 NNIA 算法及改进 NNIA 算法的优化工具实验验证,每组实验进行三次,并取其平均值为最终值。

1. NNIA 算法实验验证

采用 HK 5040F 型机床来进行相关实验验证,其中工件材料选择为 SKD-11,工件类型为正常厚度工件,工件尺寸 5 mm×5 mm×10 mm,选择直径 0.25 mm 的黄铜丝为电极丝,去离子水为电解质。加工样件如图 6.18 所示,实验结果如表 6.12 所示。与第 5 章表 5.6 的结果进行比较,发现 NNIA 的优化效果 MRR 最大提高为 18.41%,SR 和 RLT 最大降低为 42.79% 和 14.8%。从表 6.12 中可以发现,NNIA 算法优化的实验数据与预测数据之间的平均相对误差在 MRR 方面为 8.94%,在 SR 方面为 8.29%,在 RL 方面为 7.48%,说明该优化结果是可靠的,可用于指导实际加工。

图 6.18　NNIA 算法优化实验加工样件

表 6.12　NNIA 算法优化结果实验验证

序号	优化参数					实验结果			优化结果			相对误差/%		
	T_{on}/μs	T_{off}/μs	U/V	W_S/(m/s)	M/T	MRR	SR	RLT	MRR	SR	RLT	MRR	SR	RLT
1	8.6	16.8	45	0.21	0.10	14.08	4.28	11.18	15.04	3.88	10.2	6.77	9.25	8.75
2	7.2	19.8	48	0.15	0.19	0.60	1.27	7.59	0.66	1.21	6.71	10.13	4.63	11.55
3	8.6	17.3	42	0.27	0.08	1.88	1.63	6.39	2.04	1.49	5.93	8.54	8.39	7.21
4	19.4	18.4	44	0.18	0.13	13.10	3.80	9.91	12.21	3.41	9.35	6.79	10.24	5.67
5	10.1	21.6	39	0.17	0.07	2.32	1.72	5.73	2.61	1.57	5.97	12.57	8.96	4.23

2. M-NNIA 算法实验验证

依旧采用如 HK5040 型机床的实验设备及工件材料，相关表面粗糙度和重铸层厚度的检测与之前一致，每个检测结果均检测三次并取平均值作为最终值。加工样件如图 6.19 所示，实验结果如表 6.13 所示。与第 5 章表 5.6 的结果进行比较，发现 M-NNIA 的优化效果 MRR 最大提高为 22.37%，SR 和 RLT 最大降低为 44.59% 和 15.07%。从表 6.13 中可以发现，M-NNIA 算法优化的实验数据与预测数据之间的平均相对误差在 MRR 方面为 6.90%，在 SR 方面为 7.66%，在 RL 方面为 6.71%，因此相关指标的预测误差都在 10% 之内，说明该优化结果是可靠的，该优化算法是可信的。

图 6.19   M-NNIA 算法优化实验加工样件

表 6.13   M-NNIA 算法优化结果实验验证

序号	优化参数					实验结果			优化结果			相对误差/%		
	T_{on}/μs	T_{off}/μs	U/V	W_S/(m/s)	M/T	MRR	SR	RLT	MRR	SR	RLT	MRR	SR	RLT
1	18.76	10.44	49	0.25	0.15	14.55	4.23	9.86	15.09	3.87	10.19	3.68	8.49	3.36
2	9.21	18.70	48	0.27	0.20	0.99	1.23	7.12	1.08	1.18	6.31	9.63	4.42	11.43
3	12.76	17.53	37	0.26	0.12	2.01	1.59	6.37	2.13	1.49	5.89	6.13	6.34	7.58
4	18.05	21.67	50	0.19	0.10	1.81	1.55	5.56	1.90	1.47	5.93	4.97	5.16	6.65
5	13.05	19.82	36	0.23	0.20	11.49	4.03	9.93	12.65	3.47	9.48	10.09	13.9	4.53

6.3   神经网络-狼群混合算法

本节将提出一种新型工艺优化算法——神经网络-狼群混合算法，该算法结合反向传播神经网络（back propagation neural networks，BPNN）和基于领导者策略的领头狼群算法（leader wolf colony algorithm，LWCA），对精密电火花线切割加工硬质合金 YG15

进行工艺参数单目标和多目标优化研究（张臻，2016）。其一，通过对多种优化算法的单目标优化结果进行对比，得知本章所提出的混合算法更具有寻优高效性和准确性特点；其二，通过运用混合算法对加工工艺参数的单目标和多目标优化，获得 MRR 和 Ra 的最优值，为精密电火花线切割机床的工艺参数数据库提供了实际加工数据参考。

6.3.1　基于领导者策略的狼群算法

进行多目标优化时，不存在一个使所有目标同时达到最优的最优解。因此，多目标优化的最优解一般都是用非支配解集或 Pareto 前沿表示的。定义一个多目标求最小值问题如下：

$$Z = \{z \in R^q \mid z_1 = f_1(x), z_2 = f_2(x), \cdots, z_q = f_q(x); x \in \Omega\} \tag{6.21}$$

式中：x 为自变量向量；Ω 为自变量取值空间；q 为目标数量。当且仅当不存在一个点 z 满足以下条件时，点 z^0 被称为非支配解（非劣解）：

$$\begin{cases} z_k < z_k^0, & k \in \{1, 2, \cdots, q\} \\ z_l < z_l^0, & l \neq k \end{cases} \tag{6.22}$$

在目标函数空间中，所有非支配解构成了 Pareto 最优前沿。为了搜寻目标空间，需使用权重向量，每个权重向量代表着一个搜寻方向。图 6.20（a）为单一方向搜寻策略。在这种情况下，一个方向的搜寻计算是不足以获得最优的 Pareto 前沿。因此，如图 2.20（b）所示，多方向搜寻策略能更高效、更准确地计算得到最优 Pareto 前沿，该策略更适合用于多目标优化问题中。在搜索多目标最优解集空间时，大部分文献中都是采用随机产生向量和用户定义向量，本书中采用均匀设计方法来均匀地构造定向向量。均匀设计主要目的是从大样本中选取少量测试点用来完成实验设计。如果有一个 L 个变量和每个变量有 K 个可能值的空间，那么该空间有 K^L 个点。均匀设计就从 K^L 个点中选取 K 个点，并且均匀分布在该空间中。这选取的 K 个点用矩阵表示 $U = [u_{ij}]_{K \times L}$，其中 u_{ij} 表示点 i 处变量 j 的值，其表达式为

$$u_{ij} = (i\sigma^{j-1} \bmod K) + 1 \tag{6.23}$$

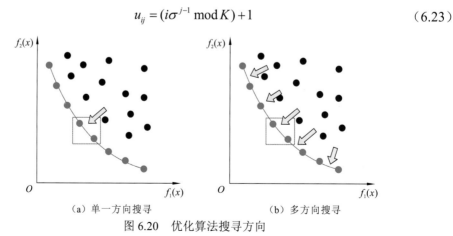

（a）单一方向搜寻　　　　　（b）多方向搜寻

图 6.20　优化算法搜寻方向

在多目标优化问题中，L 为目标函数个数，K 为搜寻方向（适应度函数）个数。对于从 7 个方向搜寻的三目标优化问题，σ 值取 3，均匀矩阵为

$$U = \begin{bmatrix} 2 & 4 & 3 \\ 3 & 7 & 5 \\ 4 & 3 & 7 \\ 5 & 6 & 2 \\ 6 & 2 & 4 \\ 7 & 5 & 6 \\ 1 & 1 & 1 \end{bmatrix} \tag{6.24}$$

本节采用的是一种基于神经网络-狼群算法的混合多目标算法。狼是一种非常聪明的动物，狼群具有组织严密、分工明确、协同合作等优点。每个狼群都有自己的领导者——狼王（最聪明和强壮的狼），狼群在狼王的领导下进行捕猎，战胜强大的对手。狼群中的狼王是通过几只最强壮的狼竞争产生的，竞争中的优胜者成为狼群的新狼王。在捕食过程中，狼王带领着狼群，只要狼群中的任何一只狼发现猎物，那么该狼会通过嚎叫告知狼群中其他负责捕猎的狼对目标进行包围。获得食物之后，食物分配原则是基于自然界的优胜劣汰法则，狼王最先开始进食，然后进食的是较为强壮的狼，最后是那些弱小的狼。当食物缺乏时，最先被饿死的只能是种群中最弱小的狼，优胜劣汰才能保证狼群的强大。LWCA 就是模拟自然界狼群生存的行为而提出的。

1. 多目标适应度函数

在 LWCA 多目标优化算法中有 K 个搜寻方向，因此需定义 K 个适应度函数。方向 k 的适应度函数表达式为

$$\mathrm{fit}_k(V) = w_{k1}T_p(V) + w_{k2}C_p(V) + w_{k3}R_a(V) + C \tag{6.25}$$

式中：$\mathrm{fit}_k(V)$ 为在搜寻方向 $k\mathrm{th}$ 向量 V 的适应度值；$T_p(V)$、$C_p(V)$ 和 $R_a(V)$ 分别为向量 V 的三个需要优化的目标，即单位加工时间、单位加工花费、加工表面粗糙度；C 为对不可行解的正补偿系数，对可行解该补偿系数为 0。对于本节研究的多目标优化问题，有三个需优化的目标和四个独立的输入变量，因此，每个优化解都是一个 $N(N=4)$ 维的向量 $V=(T_{on}, P, W_p, f)$。

由于以上方程的目标函数取值范围不同，取值比较大的目标函数可能对整个方程占有主导作用。为了消除这个弊端，用方程（6.26）取代方程（6.25）：

$$\mathrm{fit}_k(V) = w_{k1}h_1(V) + w_{k2}h_2(V) + w_{k3}h_3(V) + C \tag{6.26}$$

$$h_l(V) = \frac{f_l(V')}{\max\{f_l(V')|\ \forall V' \in \Omega\}} \quad (l=1,2,3) \tag{6.27}$$

式中：函数 $h_l(V)$ 为关于自变量染色体 V 的目标函数 l 的正规化值；Ω 为所有估计染色体的定义域；V' 为 Ω 中的任意值。均匀设计方法是用来形成各种搜索方向，从而找到沿着 Pareto 最优前沿均匀分布的解集。因此，搜寻方向计算如下：

$$W = [w_{kl}]_{K \times 3}, \quad w_{kl} = \frac{u_{kl}}{\sum_{l=1}^{3} u_{kl}}, \quad \forall k, l \tag{6.28}$$

式中：$u(K, 3) = [u_{kl}]_{K \times 3}$ 为方程（6.23）中定义的均匀设计矩阵；W 矩阵每行表示一个搜寻向量；w_{kl} 为适应度函数 k 中的目标函数 l 的权重值。因此，本研究中三目标优化的权重值矩阵为

$$W = \begin{bmatrix} 2/9 & 4/9 & 3/9 \\ 3/15 & 7/15 & 5/15 \\ 4/14 & 3/14 & 7/14 \\ 5/13 & 6/13 & 2/13 \\ 6/12 & 2/12 & 4/12 \\ 7/18 & 5/18 & 6/18 \\ 1/3 & 1/3 & 1/3 \end{bmatrix} \tag{6.29}$$

2. 初始化狼群

该步骤目的是让狼群均匀地分布在目标函数的定义域中。狼群捕食区域可定义为一个 $N \times D$ 空间矩阵，其中狼群规模设为 N，搜寻空间的维数为 D，第 i 只狼的位置为

$$\begin{cases} V_i = (x_{i1}, x_{id}, \cdots, x_{iN}) & (1 \leqslant i \leqslant M, 1 \leqslant d \leqslant N) \\ x_{id} = x_{\min} + \text{rand} \times (x_{\max} - x_{\min}) \end{cases} \tag{6.30}$$

式中：rand 为均匀分布在区间[0, 1]上的一个随机数；$x_{\max}$ 和 $x_{\min}$ 分别为搜索空间的上、下界限。

3. 竞争选出狼王

为了选出最强壮的狼作为狼王，最优的（即适应度值最优的）q 只狼作为候选者，这 q 只狼在自己周围 h 个方向进行搜索。假设候选狼的当前位置为 P_0，则 P_1 为围绕在当前位置 P_0 而产生的。

若 $\text{fit}P_1 < \text{fit}P_0$，意味着 P_1 比当前位置 P_0 好，则 P_1 代替 P_0 继续搜索比较；

若 $\text{fit}P_1 > \text{fit}P_0$，意味着当前位置 P_0 比 P_1 好，则继续在 P_0 位置周围进行搜索。

当候选狼的搜索次数大于最大搜索次数 $\text{max}dh$ 或者搜索位置不如当前位置时，搜索候选狼的行为结束。更新候选狼的位置：

$$y_{jd} = x_{id} + \text{rand} \times \text{step}_a \quad (1 \leqslant j \leqslant h) \tag{6.31}$$

式中：y_{jd} 为候选狼周围产生的 h 个点的位置中第 j 个点第 d 维的位置；rand 为在区间[-1, 1]上均匀分布的一个随机数；x_{id} 为第 i 只候选狼第 d 维的当前位置；step_a 为搜索的步长。在最新的搜索过程中，新 step_a 为小于开始的 step_a 值，step_a 可由下式得到：

$$\text{step}_a = \begin{cases} 1 \times \text{step}_a, & \text{gen} < 1/2\,\text{max}\,t \\ 1/4 \times \text{step}_a, & 1/2\,\text{max}\,t \leqslant \text{gen} < 3/4\,\text{max}\,t \\ 1/16 \times \text{step}_a, & 3/4\,\text{max}\,t \leqslant \text{max}\,t \end{cases} \tag{6.32}$$

式中：$\max t$ 为最大迭代次数。所有竞选和搜寻结束之后，位置最佳的候选狼当选狼王。

4. 向狼王移动

作为狼王，其他的狼都会向着狼王移动靠近，但是每只狼也都会主动搜索猎物。由于猎物位置可能不在狼王附近，搜寻猎物的狼可能远离狼王，则狼群中第 i 只狼第 d 维更新后的位置为

$$z_{id} = x_{id} + \mathrm{rand} \times \mathrm{step}_b \times (x_{ld} - x_{id}) \quad (1 \leqslant i \leqslant h) \tag{6.33}$$

式中：x_{id} 为第 i 只狼第 d 维的当前位置；rand 同上；step_b 为移动步长；x_{ld} 为狼王的第 d 维位置。

若 $\mathrm{fit} z_{id} < \mathrm{fit} x_{id}$，意味着新位置 z_{id} 比当前位置 x_{id} 好，则新位置 z_{id} 代替 x_{id}；

若 $\mathrm{fit} z_{id} > \mathrm{fit} x_{id}$，意味着当前位置 x_{id} 比新位置 z_{id} 好，则不再进行搜索移动。

5. 围捕猎物

在这个阶段，狼王随机寻觅猎物，一旦找到食物就通过嚎叫通知其他狼围捕猎物，其他狼在狼王位置开展围捕行为。对于这种行为，在[0, 1]中产生一个随机数 r_m。

若 $r_m < \theta$（预先设定的阈值），则第 i 只狼不进行移动围捕；

若 $r_m > \theta$，则第 i 只狼以狼王为中心进行移动围捕，位置更新为

$$z'_{id} = \begin{cases} z_{id}, & r_m < \theta \\ z_{id} + \mathrm{rand} \times r_a, & r_m > \theta \end{cases} \tag{6.34}$$

式中：r_a 为围捕步长；z_{id} 为第 i 只狼第 d 维的位置。

由于在围捕过程中有的狼可能超出搜索边界，对狼群狩猎结束后更新的位置需按照下式进行越界处理：

$$x_{id} = \begin{cases} x_{\max}, & x_{id} > x_{\max} \\ x_{\min}, & x_{id} < x_{\min} \end{cases} \tag{6.35}$$

一般在寻优问题中，当前解不断接近理论最优值时，需调整优化算法的求解步长和迭代次数。为了增大找寻最优解的概率，随着迭代次数增加，需不断减小优化算法的迭代步长。因此，狼群算法的围捕步长更新为

$$r_a(t) = r_{a\min} \times (x_{\max} - x_{\min}) \times \exp\left[\frac{\ln(r_{a\min} / r_{a\max}) \times t}{\max t}\right] \tag{6.36}$$

式中：t 为当前迭代次数；$\max t$ 为最大迭代次数；$r_{a\max}$ 和 $r_{a\min}$ 为最大、最小的围捕步长。

6. 分配食物并更新狼群

根据优胜劣汰的自然法则，最强壮的狼王最先获取食物，然后再分配给相对较弱的狼。这种食物分配原则，可以保证强壮的狼继续生存下去，较为弱小的狼则会被淘汰，从而保证狼群拥有更好的活力与适应能力。随着移除最差的 p 只狼，然后均匀随机产生 p 只狼。这样操作可以使优化算法不易陷入局部最优，从而保证狼群的多样性。

7. LWCA 算法流程

LWCA 算法流程如图 6.21 所示。

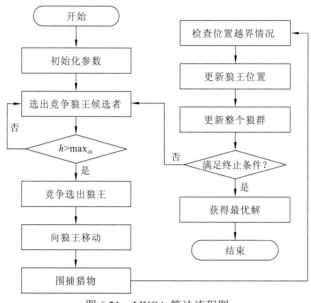

图 6.21　LWCA 算法流程图

（1）初始化参数。人工狼的初始位置 x_{id}，狼群中狼的数量 M，最大迭代次数 $\max t$，最大搜索方向数量 $\max_{dh}$，搜索步长为 step_a 和移动步长为 step_b，最大围捕步长和最小围捕步长分别为 $r_{a\max}$ 和 $r_{a\min}$，竞争狼王的数量为 q，被淘汰弱小狼的数量为 m。按照式（6.30）对每只狼的位置进行初始化。

（2）最优的 q 只狼被选出作为竞争狼王的候选者，候选狼按照式（6.31）的操作方式不断向前搜寻找到最优位置。

（3）最佳的候选狼会被选为狼王，然后整个狼群会向狼王靠拢，按照式（6.33）的操作方式不断更新整个狼群位置。

（4）狼王搜寻到猎物，其他狼根据狼王的信息开始围捕猎物，按照式（6.34）更新狼群位置，并对更新后的位置按照式（6.35）进行越界处理。

（5）按照狼群食物分配原则，对狼群进行更新换代。根据优胜劣汰原则，淘汰 m 只最弱小的狼，同时按照式（6.23）随机产生 m 只狼进行补充。

（6）在每次迭代结束时，都会进行结束条件判断，若满足条件，则立即结束，否则进行下一次迭代，转（2）。

6.3.2　神经网络

将智能算法技术引入制造加工领域已逐步成为一种潮流，特别是在加工过程优化方面已取得显著的效果。其中，人工神经网络（artificial neural network，ANN）具有自组织、自学习、容错性、并行计算、联系记忆的功能，具有很强的非线性拟合建模能力，可模拟实现复杂系统的输入输出关系。本小节使用的 BPNN 是用途最为广泛的一种神经网络，对于大多数工程问题，如信号处理、模式识别、专家系统预测、自动控制、经济分析等，BPNN 算法具有寻优能力强、响应快、预测精度高等性能，充分体现了神经网络优势。如图 6.22 所示，BPNN 网络拓扑结构包括三层，即输入层（接受外界信息）、隐含层（神经元处理信息）和输出层（向外界输出信息）。输入层与隐含层之间通过以下公式进行传递：

$$H_i = f\left(\sum_{j=1}^{i} w_{ij} x_i - a_j\right) \quad (j = 1, 2, \cdots, l) \tag{6.37}$$

式中：H_i 为输出点值；w_{ij} 为连接输入点和隐含层神经元的权重值；a_j 为当前层的偏置值（隐含层阈值）；函数 f 为隐含层传递函数。一般来说，隐含层传递函数为 $f(x) = \dfrac{1}{1 + e^{-x}}$。

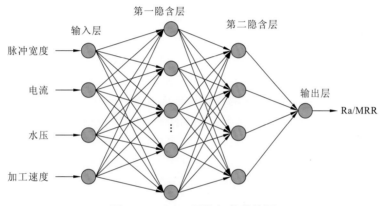

图 6.22　BPNN 网络拓扑结构图

对 BPNN 进行训练步骤如下。

（1）训练网络初始化。首先根据预测目标函数确定输入输出矩阵 $<X, Y>$，以及输入层节点数 n、隐含层层数、隐含层节点数 l，输出层节点数 m；接着初始化各层连接权重值 w_{ij}，隐含层和输出层阈值 a_k 和 b_k；最后设置训练学习速率，以及构造神经元激励函数。

（2）隐含层计算。根据输入变量 X，网络连接权重值 w_{ij} 以及隐含层阈值 a_k，按照公式（6.37），可计算出隐含层输出 H_k。

（3）输出层计算。利用上一步中计算得到的隐含层输出 H_k，连接权重值 w_{ik} 和阈值 b_k，从而计算出 BPNN 预测输出：

$$O_i = \sum_{j=1}^{i} H_j w_{jk} - b_k \quad (k = 1, 2, \cdots, m) \tag{6.38}$$

（4）误差计算。根据 BPNN 预测输出 O 和预期值 Y，计算网络预测误差：

$$e_k = Y_k - O_k \quad (k = 1, 2, \cdots, m) \tag{6.39}$$

（5）连接权重值更新。根据 BPNN 预测误差 e，然后按照如下公式后向传递反馈更新网络连接权重值 w_{ij}、w_{ik}：

$$\begin{cases} w_{ij} = w_{ij} + \eta H_j(1-H_j)x(i)\sum_{k=1}^{m} w_{jk}e_k \quad (i=1,2,\cdots,l) \\ w_{jk} = w_{jk} + \eta H_j e_k \quad (j=1,2,\cdots,l; k=1,2,\cdots,m) \end{cases} \tag{6.40}$$

式中：η 为学习效率。

（6）隐含层阈值更新。根据 BPNN 预测误差 e，按照如下公式后向传递反馈更新网络节点阈值：

$$\begin{cases} a_j = a_j + \eta H_j(1-H_j)\sum_{k=1} w_{jk}e_k \quad (i=1,2,\cdots,l) \\ b_k = b_k + e_k \quad (k=1,2,\cdots,m) \end{cases} \tag{6.41}$$

（7）根据预设终止条件判断算法是否结束。若不满足，则返回（2）重新开始继续迭代，直到满足结束条件为止。

6.3.3　神经网络-狼群混合优化算法

精密电火花线切割进行加工参数单目标和多目标优化过程包含 5 个模块单元，即实验数据、数学回归模型、BPNN 模型、LWCA 和神经网络-狼群混合算法优化。通过以下步骤确定神经网络-狼群混合算法的优化目标以及输入加工参数。

（1）通过比较加工实验、回归模型、BPNN 神经网络模型，基于领导者策略狼群算法优化结果，得到优化目标的最小值（即相对最优值）。

（2）最优值所对应的输入加工条件必须处于实验设定的加工参数水平范围内。

（3）将混合优化算法的最少迭代次数和单一狼群优化算法的最少迭代次数进行对比。

BPNN 神经网络-狼群混合优化算法流程图如图 6.23 所示。

6.3.4　曲面响应加工实验

RSM 基于数学、统计学原理和实验设计技术，主要用于分析多因子输入与多响应输出之间的数学关系。该方法可用于解决多变量非线性数据拟合和优化问题。RSM 实验设计方法根据实验中的随机误差，通过应用一次或二次多项式模型对复杂的输入输出数据进行拟合，从而可提高实验质量，降低实验次数，非常适合应用于解决多输入变量的问题。通过方差分析（analysis of variance，ANOVA），评估拟合模型的精度。若输出响应 $y(x)$ 与输入因子 $x_1, x_2, \cdots, x_p$ 之间存在线性函数关系，则可近似为一阶数学模型：

$$y(x) = \beta_0 + \sum_{i=1}^{p} \beta_i x_i + \varepsilon \tag{6.42}$$

式中：β_0 为常数项；β_i 为 x_i 的斜率或线性效应；ε 为误差项。若输出响应 $y(x)$ 与输入因子 $x_1, x_2, \cdots, x_p$ 之间存在二次函数关系，则该系统可近似将此函数关系拟合为二阶模型。该模型不仅考虑了输入因子之间的交互效应，而且加入了输入因子的二次效应。其数学模型的表达式为

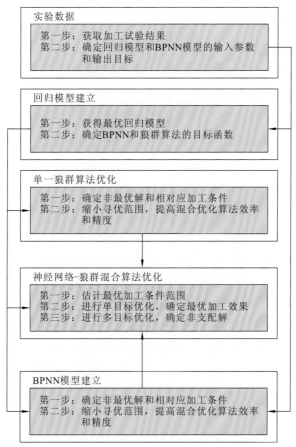

图 6.23　BPNN 神经网络-狼群算法混合优化算法流程图

$$y(x) = \beta_0 + \sum_{i=1}^{p} \beta_i x_i + \sum_{i=1,j=1}^{p} \sum_{i<j}^{p} \beta_{ij} x_i x_j + \sum_{i=1}^{p} \beta_{ii} x_i^2 + \varepsilon \qquad (6.43)$$

式中：β_{ij} 为 x_i 与 x_j 之间的交互效应；β_{ii} 为 x_i 的二次效应。

RSM 设计实验步骤如下。

（1）响应曲面设计阶段。基于 RSM 实验设计方法，先确定输入自变量和响应输出因变量；然后设计工艺实验方案，根据实验结果初步得到回归拟合模型。

（2）响应曲面寻优阶段。根据回归分析的显著性判断方法（置信区间为 0.95，当 $P<0.05$ 时认为回归模型可信），来检验输入自变量与输出因变量间的关系强弱，从而来判断拟合模型是否合适。如果拟合模型被验证为可信，那么就可以借助统计学软件（如 Minitab 或 Design-Expert）分析获得最佳拟合响应输出结果，最终确定最优值（最大值或最小值），如图 6.24 所示。

基于 RSM 原理的实验设计方法有多种，但是现在应用较为广泛的是中心组合设计（central composite design，CCD）法。这是因为 CCD 实验设计方法具备下列出众的优势。

（1）通过设计合适的轴点坐标可以使该实验设计具有可旋转性，即在各个设计方向上具有等精度估计。

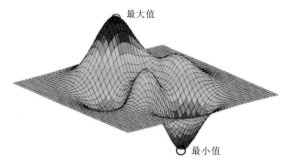

图 6.24　响应曲面示意图

（2）通过设计合适的中心点实验次数可使其成为正交或是一致精度设计，因而 CCD 实验设计方法现在应用广泛。本小节也采用中心组合实验设计。在设计的加工工艺实验中，加工材料为 100 mm×100 mm×100 mm 尺寸的硬质合金钨钢 YG15，机床所用电极丝为直径 0.25 mm 的铜丝，每个加工样件尺寸为 5 mm×5 mm×10 mm。

完成工艺实验之后，将加工样件送去广州市计量检测技术研究院进行测量。使用英国泰勒霍普森公司的三维白光干涉仪（Talysurf CCI 6000）测量加工样件的表面粗糙度，记录值是三次测量结果的平均值，3D 白光干涉仪的 x 轴和 y 轴的分辨率为 4 μm，z 轴的分辨率为 0.5 nm。我们采用 4 因数、5 水平、30 组正交可旋转 CCD 工艺实验。在加工实验中，根据以往加工经验和大量论文资料，脉冲间隔、电极丝张力、电极丝速度对加工结果影响较弱，因此，将脉冲宽度、极间电流、加工速度和水压作为可变因素，其因素水平设置如表 6.14 所示。实验机床固定参数设置如表 6.15 所示，表 6.16 显示实验设计点和对应的加工实验结果。

表 6.14　实验因素和水平设置

因素	代号	因素水平					单位
		1	2	3	4	5	
脉冲宽度	A	5	7	9	11	13	μs
电流	B	1	2	3	4	5	A
水压	C	1	4	7	10	13	kg/cm²
加工速度	D	0.3	0.45	0.6	0.75	0.9	mm/min

表 6.15　实验固定参数设置

参数	值	单位
材料	YG15 模具钢	
样件厚度	10	mm
切割角度	垂直	
工作液温度	25	℃
脉冲间隔	10	μs
电极丝张力	8	$1×10^{-1}$ kgf
电极丝速度	4	m/min
加工样件尺寸	5×5×10	mm

表 6.16　CCD 实验设计及结果

序号	A/μs	B/A	C/（kg/cm²）	D/（mm/min）	Ra/μm	MRR/（mm²/min）
1	7	2	4	0.45	3.213	3.62
2	11	2	4	0.45	1.460	4.24
3	7	43	4	0.45	1.467	4.55
4	11	4	4	0.45	2.777	0.99
5	7	2	10	0.45	1.719	3.16
6	11	2	10	0.45	1.790	3.42
7	7	4	10	0.45	4.744	4.35
8	11	4	10	0.45	3.854	1.55
9	7	2	4	0.75	2.188	4.00
10	11	2	4	0.75	2.324	3.38
11	7	4	4	0.75	2.031	6.25
12	11	4	4	0.75	1.974	1.18
13	7	2	10	0.75	1.272	4.35
14	11	2	10	0.75	1.516	5.00
15	7	4	10	0.75	1.536	6.69
16	11	4	10	0.75	1.203	1.85
17	5	3	7	0.60	1.996	5.81
18	13	3	7	0.60	1.706	2.56
19	9	1	7	0.60	1.235	5.81
20	9	5	7	0.60	1.629	5.88
21	9	3	1	0.60	1.808	5.68
22	9	3	13	0.60	2.825	5.88
23	9	3	7	0.30	1.816	2.70
24	9	3	7	0.90	1.156	2.16
25	9	3	7	0.60	1.374	2.25
26	9	3	7	0.60	1.390	2.22
27	9	3	7	0.60	1.383	2.13
28	9	3	7	0.60	1.378	2.20
29	9	3	7	0.60	1.364	2.31
30	9	3	7	0.60	1.369	2.10

6.3.5　数学模型建立

1. 单位加工时间

一般来说，制造一个产品所需要的时间被定义为单位加工时间（T_p），它是关于 MRR 和刀具（电极丝）寿命 T 的函数，即

$$T_p = T_s + \frac{V\left(1 + \dfrac{T_c}{T}\right)}{\text{MRR}} + T_i \tag{6.44}$$

式中：T_s 为刀具设置时间；T_c 为刀具变更时间；T_i 为浪费的停滞时间；V 为材料蚀除体积。在实际电火花线切割加工中，电极丝是连续运动的，而且粗精加工中，电极丝也始终保持同样的加工状态。因此，方程（6.44）可被修正为

$$T_p = T_s + \frac{V}{\text{MRR}} + T_i \tag{6.45}$$

刀具设置时间包括电极丝从机床原点移动到切割起点时间、设置机床参数时间、机床重定位时间等。在电火花线切割中，T_s、T_c、T_i、V 都是常数，与优化的加工参数没有关系，因此 T_p 仅仅是 MRR 的函数。

2. 单位加工费用

单位加工费用（C_p）主要包括刀具费用、人工费用、管理费用等，即

$$C_p = T_p(C_t C_v + C_l + C_o) \tag{6.46}$$

式中：C_t 为刀具费用；C_v 为可变费用系数；C_l 为人工费用；C_o 为管理费用。不难发现，这里面除了 C_v，其余的参数都与加工工艺参数没有关系。

3. MRR 和 Ra 的数学回归模型

回归模型是将 ANOVA 和回归分析结合起来，用来分析连续性因变量与任意性自变量之间关系的一种数学统计分析模型；基于最小二乘原理，MRR 和 Ra 的回归模型均采用指数拟合，并运用 Design-Expert 8.0 软件对拟合回归模型进行 ANOVA 分析，数学回归模型如下：

$$\begin{aligned}\text{MRR} = \exp(&1.801\,75 - 0.113\,323 \times A + 0.006\,994\,21 \times B \\ &+ 0.011\,646\,2 \times C + 0.633\,214 \times D)\end{aligned} \tag{6.47}$$

$$\begin{aligned}\text{Ra} = \exp(&0.860\,134 + 0.008\,345\,41 \times A + 0.086\,603\,2 \times B \\ &+ 0.013\,133\,6 \times C - 1.088\,33 \times D)\end{aligned} \tag{6.48}$$

MRR 和 Ra 的数学回归模型将作为多目标优化算法的适应度函数，这些函数的拟合精度直接影响多目标优化结果。图 6.25（a）为 Ra 拟合回归模型的四合一残差分析图。其中正态概率图上的残差点均匀分布在拟合线上下，满足正态分布特性。残差拟合值的散点图也是均匀分布在水平线上下，并且保持方差齐性。残差直方图也完全满足正态分

布特性。在残差观测值散点图中，残差点随机均匀地分布在水平轴上下，并且进行无规则波动。以上四合一残差分析图正常合理，符合正态分布，可以说明简化后的 Ra 指数拟合模型是可信的。基于同样分析方法，通过残差分析图 6.25（b），可以知道 MRR 指数拟合模型也是合理有效的。

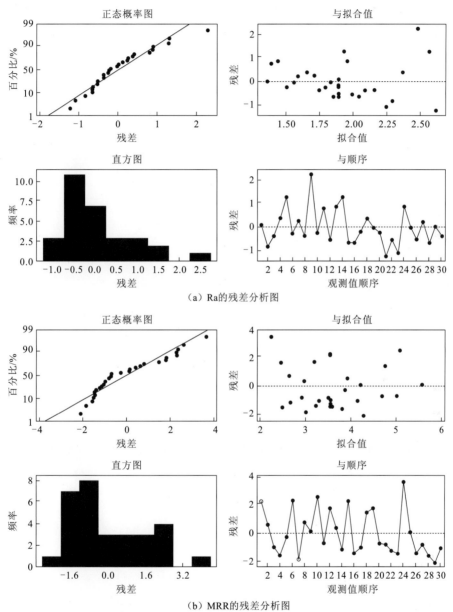

（a）Ra的残差分析图

（b）MRR的残差分析图

图 6.25　Ra 和 MRR 的回归模型残差分析图

　　根据 6.3.2 小节的论述，BPNN 拓扑结构一般包含三层，即输入层（接受外界信息）、隐含层（包含若干神经元）和输出层。BPNN 的拓扑结构对优化算法的效率和精度有着至关重要的作用。本研究中，输入层神经元数为 4（脉冲宽度、电流、水压、进给速度），输出层神经元数为 1（MRR 或 Ra），因此，只需考虑 BPNN 的隐含层结构。为了得到最优的 MRR 和 Ra，根据以往文献叙述及经验，采用双隐层结构，神经元个数为 $\frac{n}{2}$、n、$2n$、$2n+1$（n 为输入层神经元个数，此处 $n=4$），因此，研究中采用以下神经网络结构 4-9-8-1、4-8-5-1、4-8-4-1、4-4-2-1、4-6-5-1，并通过实验法从中找出最优 BPNN 结构。从 CCD 实验结果中，随机选取 22 个样品作为 BPNN 训练组，剩下的 8 个样品作为测试组。图 6.26 显示不同网络结构的 BPNN 神经网络预测结果和实验结果，表 6.17 计算出了最优 BPNN 训练 MRR 和 Ra 的平均误差分别为 18.01% 和 19.7%，都小于 20%。经过对比发现，4-6-5-1 是最为合适和精确的 BPNN 神经网络拓扑结构。如表 6.18 所示，运用 BPNN 模型预测加工效果，可计算得到最优的 MRR 和 Ra 值以及相对应的输入参数组合。

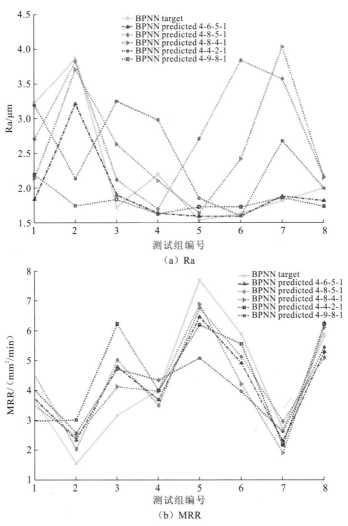

（a）Ra

（b）MRR

图 6.26　不同网络结构的 BPNN 神经网络预测结果和实验结果

表 6.17　MRR 和 Ra 的平均预测误差值

目标	BPNN 结构	平均误差值/%
	4-4-2-1	22.58
	4-6-5-1	18.01
MRR	4-8-4-1	20.43
	4-8-5-1	18.11
	4-9-8-1	24.91
	4-4-2-1	30.50
	4-6-5-1	19.70
Ra	4-8-4-1	24.25
	4-8-5-1	28.13
	4-9-8-1	25.82

表 6.18　采用 BPNN 预测得到的最优 MRR 和 Ra

输出	A	B	C	D	预测值
MRR/（mm²/min）	5.4	4.4	2.2	0.8	7.057 0
Ra/μm	8.0	1.7	2.3	0.5	1.127 3

6.3.6　多目标工艺优化

在神经网络-狼群混合优化研究中，数学模型中的固定参数值设置如表 6.19 所示。

表 6.19　数学模型的固定参数

T_s/min	T_i/min	C_t/（元/min）	C_l/（元/min）	C_o/（元/min）	V/mm³	Max(T_{on})/μs
0.12	0.26	1.226	0.12	0.06	1 200	13

Min(T_{on})/μs	Max(P)/A	Min(P)/A	Max(W_p)/（kg/cm²）	Min(W_p)/（kg/cm²）	Max(f)/（mm/min）	Min(f)/（mm/min）
5	5	1	13	1	0.9	0.3

将固定参数值代入 6.3.5 小节的数学模型中，化简得到最终的目标函数：

$$\text{Min}\, C_p = 0.12 + \frac{1\,200}{\text{MRR}} + 0.26 \tag{6.49}$$

$$\text{Min}\, C_p = T_p(1.226C_v + 0.12 + 0.06) \tag{6.50}$$

$$\text{Min Ra} = \exp(0.860\,134 + 0.008\,345\,41T_{on} + 0.086\,603\,2P + 0.013\,133\,6W_p - 1.088\,33f) \tag{6.51}$$

$$\text{MRR} = \exp(1.801\,75 - 0.113\,323T_{on} + 0.006\,994\,21P + 0.011\,646\,2W_p + 0.633\,214f) \tag{6.52}$$

$$C_v = 0.136P \times T_{on} / 30 + 1$$

$$\begin{cases} 5 \leqslant T_{on} \leqslant 14 \\ 1 \leqslant P \leqslant 5 \\ 1 \leqslant W_p \leqslant 13 \\ 0.3 \leqslant f \leqslant 0.9 \end{cases} \tag{6.53}$$

基于前面通过 BPNN 得到的相对最优解和采用单一狼群算法得到的最优加工条件，采用神经网络-狼群混合算法进行工艺优化。混合算法多目标优化的策略如表 6.20 所示，输入参数边界范围如表 6.21 所示。最后通过神经网络-狼群混合算法进行多目标优化，得到的最优解集（只选取了相对最优的两组解）如表 6.22 和图 6.27。

表 6.20 神经网络-狼群混合算法优化最优解选择策略

序号	条件	策略	
		下边界	上边界
1	$Opt_{ANN} > Opt_{convent\_LWPA}$	$Opt_{convent\_LWPA}$	Opt_{ANN}
2	$Opt_{ANN} < Opt_{convent\_LWPA}$	Opt_{ANN}	$Opt_{convent\_LWPA}$
3	$Opt_{ANN} = Opt_{convent\_LWPA}$	取最接近下边界的实验设计水平	取最接近上边界的实验设计水平

表 6.21 神经网络-狼群混合算法优化最优解的输入参数边界限制

序号	Min T_p	Min C_p	Min Ra
1	$5 \leqslant T_{on} \leqslant 5.4$	$5 \leqslant T_{on} \leqslant 8.0$	$5 \leqslant T_{on} \leqslant 8.0$
2	$4.4 \leqslant P \leqslant 5$	$1 \leqslant P \leqslant 1.7$	$1 \leqslant P \leqslant 1.7$
3	$2.2 \leqslant W_p \leqslant 13$	$2.3 \leqslant W_p \leqslant 13$	$2.3 \leqslant W_p \leqslant 13$
4	$0.8 \leqslant f \leqslant 0.9$	$0.5 \leqslant f \leqslant 0.9$	$0.5 \leqslant f \leqslant 0.9$

表 6.22 混合算法多目标优化的最优解

序号	$T_{on}/\mu s$	P/A	$W_p/(kg/cm^2)$	$f/(mm/min)$	T_p/min	$C_p/元$	Ra/μm
1	5	1	13	0.9	168.832 8	239.544 3	1.196 9
2	5	1	5.5	0.9	185.188 8	266.498 0	1.078 1

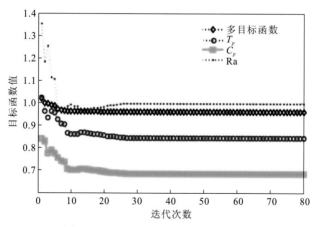

图 6.27 不同目标函数值的迭代次数

第 7 章

精密电火花线切割加工的
可持续制造工艺

随着可持续制造、绿色制造、环境保护等相关概念的快速流行，人们对航空航天、船舶、微电子机械等先进制造领域相关部件的制造提出了更高的要求，如何降低或解决在特种加工技术如精密电火花线切割加工过程中出现的高能耗、噪声、废弃电解液、材料残渣飞溅等各种环境问题已经越来越受关注。

本章将针对精密电火花线切割加工中出现的高能耗、噪声、有害气体排放等问题，开展降低或解决上述问题的实验研究，并提出一种新型微裂纹电极丝的新技术进一步提高精密电火花线切割加工的可持续制造性。

7.1 环境友好型可持续制造新要求

可持续制造涉及制造产品的过程中应该最大限度地减少对环境的负面影响，节约能源和自然资源，实现可循环经济，以及保证雇员、社区和消费者的安全。能源消耗和机械加工质量是可持续制造的重要性能指标。随着能源成本的不断增加以及与能源生产和使用有关的环境因素的全球管制，能源消耗已成为最受关注的全球问题之一。一份关于全球能源的报告显示，全球能源消耗为 530 千万亿英热单位（qBtu[①]），其在未来 25 年的增长可能会非常可观。在过去的几十年里，全球能源需求将继续以相同或更高的速度增长，到 2040 年，预计将达到 726 qBtu。由于制造业的重要能源消耗约占全球能源消耗的 37%，并导致大量的二氧化碳排放，为了保护环境，在制造过程中节约能源是一项迫切的要求。所以，许多研究者最近开始研究机械加工和制造过程的能耗降低问题。

7.1.1 能耗

在电火花线切割加工过程中，相对于热辐射和热对流，大部分输入能量是通过热传导的方式传递到电火花线切割加工工具、样品材料和介质流体（去离子水）中的。电火花线切割加工过程中能量消耗的分布如 5.4 节所述。其中有效能量消耗是用来除去特定材料单位体积的能量。因此，在相同脉冲放电能量下，增加有效能量消耗是降低总能量消耗的一种有效方法。加工效率可以明显地反映有效能耗，在同样的加工参数下，加工效率越高，加工时间越短，则有效能耗越高，总能耗越低。

根据 5.4 节 SEC 的定义可知，SEC 值表示加工过程能耗，通过增大 MRR 来降低 SEC 值是降低加工总能耗的有效方法。

7.1.2 噪声

在精密电火花线切割加工中产生的噪声，可对实验操作者的心理和身体产生损害。《声学. 职业性噪声暴露的测定. 工程法》（ISO 9612—2009）提出了三种职业噪声暴露测量策略，即任务型测量、工作型测量和全天测量。其中由于工作型测量策略的非特定操作条件和与子任务相似的噪声暴露环境等特点可用在精密电火花线切割加工的噪声测量中。此外，根据 ISO 9612—2009 标准，$L_{EX,8h}$ 定义为标准八小时工作日的平均加权噪声暴露水平，所以可选择 $L_{EX,8h}$ 来表征实际加工中的工作噪声暴露水平。$L_{EX,8h}$ 的值可通过下式计算：

$$L_{A,eqTa} = 10\lg\left(\frac{1}{N}\sum_{n=1}^{N}10^{0.1\times L_{A,qq}T,n}\right) \tag{7.1}$$

---

① 1 Btu≈1.055 kJ

$$L_{EX,8h} = L_{A,eqTa} + 10\lg \frac{T_a}{T} \tag{7.2}$$

式中：N 为样品的总数；T 为参考时间 8 h；$L_{A,eqTa}$ 为在有效工作日时间下的加权等价连续声压等级（dB）；T_a 为实际工作日时间。通过引入变动期间噪声水平的平均值，使用连续稳态指标 $L_{A,eqTa}$ 来表征各种不连续工业噪声是很合理的。此外，根据相关经验，总工作时长 T 可分为三个部分：准备工作时长（如装夹操作、调整机器、设定工艺参数等），约占总工作时长的 20%；实际工作时长，约占总工作时长的 70%；结束工作时间（如收集样品、清洗机器、关闭所有相关设备等），约占总工作时长的 10%。

7.1.3　其他环境问题

精密电火花线切割加工过程中的环境问题主要来自在工件与电极之间放电反应时产生的大量有害液体、固体废物、气体和噪声等。因此，评估加工过程对环境的影响，实现环境性能和经济性能的平衡是非常重要的。同时人员健康、操作安全和环境影响等也是精密电火花线切割加工可持续性绩效的重要组成部分。在精密电火花线切割加工中，工具电极（黄铜）在危害人类健康和破坏生态环境方面都有一定的影响，再加上加工过程中一部分蚀除的材料残渣气化在空气中形成气态污染物，一部分熔融残渣会重新凝固并随电解液流出，从而形成污染电解液，这些都会导致有害物质排放和空气污染。

7.2　磁场辅助方法的可持续制造实验研究

在精密电火花加工中应用磁场辅助方法可提高等离子体通道密度，提高等离子体和放电通道的稳定性。根据第 5 章的研究结果可知，磁场辅助方法也可大大缩短放电通道形成时间。大量的理论和仿真研究证明，磁场辅助电火花或电火花线切割加工可加速放电通道的形成，压缩等离子通道，提高等离子体通道密度和稳定性，增加正常放电比率，从而提高转移到工件的放电能量，促进放电间隙中材料蚀除残渣的排除。因此，磁场辅助精密电火花或电火花线切割加工的优势有利于降低工艺加工能耗，改善环境影响。

7.2.1　工件材料及实验设计

图 7.1 为精密电火花加工、可调磁场装置、高性能示波器、能量检测仪等实验设备的图片。通过一系列实验研究了磁场辅助精密电火花加工（型号：Tapone）对 Ti6Al4V 材料的电火花加工电极损耗率、蚀除能耗和环境影响。Ti6Al4V 合金的化学元素组成如表 7.1 所示。钛合金具有高抗腐蚀、抗氧化性能、高强度和蠕变寿命长等优点，由于其在极高的温度下机械和化学性质稳定，常用于航空航天工业中旋转或固定组件的喷气发动机（如涡轮盘、扩散器、压气机盘）中。在本次切削实验过程中，选用铜电极和石墨

电极作为刀具电极。表 7.2 展示了工件和工具电极的材料热性能。在整个切削过程中均使用煤油作为电介质。

图 7.1　实验装置图

表 7.1　Ti6Al4V 合金的化学元素质量分数　（单位：%）

Ti	Al	V	C	N	O	Fe	H	Y	其他（每种）	其他（共计）
平衡	5.50~6.75	3.5~4.5	0.08	0.05	0.20	0.03	0.0125	0.005	0.1	0.4

表 7.2　工件与电极的材料热性能

特性	单位	工件（Ti6Al4V）	电极（石墨）
密度 ρ	g/cm^3	4.043	2.25
熔点 T_m	K	1 878~1 933	3652
质量定压热容 c_p	J/（kg·K）	553~570	710
热导率 K_t	W/（m·K）	7.1~7.3	129

根据以往的研究和文献调查可知，脉冲宽度、脉冲间隔、电流、磁感应强度是影响能量消耗、加工噪声、EWR 的主要因素。基于田口设计法，在直径为 10 mm 的石墨电极条件下，进行 25 组田口实验。该加工过程是在负极性下进行的，根据设计的电火花加工实验钻取深度为 5 mm、直径为 5 mm 的试样。表 7.3 展示了实验中输入参数的取值和水平，这些参数涵盖了精密电火花加工所能提供输入参数的合理范围。为了全面分析精密电火花加工的可持续制造性，将电火花加工的能耗、每单位体积材料蚀除能耗、加工噪声（峰值、谷值、平均值）和 EWR 作为电火花加工可持续性性能的重要指标。

表 7.3　实验加工参数与水平

参数	水平					单位
T_{on}	100	200	300	400	500	μs
T_{off}	100	150	200	250	300	μs
I	6	8	10	12	14	A
M	0	0.05	0.1	0.15	0.2	T

由于脉冲放电过程与加工噪声密切相关，还对脉冲放电过程进行了检测，需观察工件的微观表面完整性，以验证磁场对精密电火花加工质量的影响。以下部分详细描述了 EWR、能耗、加工噪声、脉冲放电过程、表面完整性的测量与计算，最终实验结果如表 7.4 所示。

表 7.4　实验结果

序号	T_{on} /μs	T_{off} /μs	I /A	M /T	噪声（平均）/dB	噪声（方差）/dB	噪声（范围）/dB	SEC（平均）/(J/mm³)	SEC（方差）/(J/mm³)	SEC（范围）/(J/mm³)	EWR /(mm³/min)	MRR /(mm³/min)
1	100	100	6	0	95.685	3.534	92.2~102.0	2.822×10^{9}	4.196×10^{8}	1.852×10^{9}~2.369×10^{9}	1.114	1.186
2	100	150	8	0.05	93.424	4.681	90.1~96.2	1.701×10^{9}	2.493×10^{8}	1.353×10^{9}~1.536×10^{9}	0.622	1.623
3	100	200	10	0.10	93.185	1.963	89.8~95.1	1.235×10^{9}	1.042×10^{8}	1.051×10^{9}~1.153×10^{9}	0.746	2.089
4	100	250	12	0.15	92.547	2.603	88.3~94.1	8.927×10^{8}	4.486×10^{7}	8.323×10^{8}~8.483×10^{8}	0.521	2.639
5	100	300	14	0.20	89.636	1.834	86.8~92.4	1.237×10^{9}	1.425×10^{8}	1.377×10^{9}~1.549×10^{9}	0.448	1.595
6	200	100	8	0.10	88.731	1.076	86.1~92.5	3.737×10^{9}	5.690×10^{8}	3.176×10^{9}~4.245×10^{9}	1.441	1.383
7	200	150	10	0.15	89.109	2.485	85.8~94.2	2.656×10^{9}	2.649×10^{8}	2.510×10^{9}~2.921×10^{9}	1.223	1.750
8	200	200	12	0.20	97.698	8.553	91.8~98.9	2.531×10^{9}	4.602×10^{8}	1.995×10^{9}~2.590×10^{9}	0.812	2.202
9	200	250	14	0	92.231	3.152	96.2~103.6	5.650×10^{9}	1.027×10^{9}	3.661×10^{9}~8.870×10^{9}	2.931	1.200
10	200	300	6	0.05	94.306	1.992	89.4~95.5	4.896×10^{9}	2.293×10^{8}	3.310×10^{9}~3.724×10^{9}	2.203	1.327
11	300	100	10	0.20	93.285	5.727	89.5~96.8	3.118×10^{9}	3.361×10^{8}	2.315×10^{9}~2.694×10^{9}	1.932	2.846
12	300	150	12	0	99.839	8.437	94.1~105.7	8.711×10^{9}	1.467×10^{9}	4.966×10^{9}~9.740×10^{9}	4.621	1.327
13	300	200	14	0.05	95.832	3.740	94.4~98.6	4.731×10^{9}	7.151×10^{8}	2.859×10^{9}~4.453×10^{9}	3.149	2.305
14	300	250	6	0.10	90.104	1.919	88.9~93.5	3.816×10^{9}	2.396×10^{8}	3.411×10^{9}~4.198×10^{9}	2.968	1.932
15	300	300	8	0.15	92.109	2.158	91.1~94.3	4.074×10^{9}	2.148×10^{8}	3.717×10^{9}~4.360×10^{9}	2.536	1.773
16	400	100	12	0.05	96.502	2.368	94.2~97.7	7.775×10^{9}	3.206×10^{8}	4.294×10^{9}~5.120×10^{9}	3.894	2.046
17	400	150	14	0.10	93.511	2.903	91.3~96.2	7.140×10^{9}	7.525×10^{8}	4.716×10^{9}~6.076×10^{9}	4.205	1.863
18	400	200	6	0.15	90.890	1.909	88.7~93.3	7.185×10^{9}	1.901×10^{9}	5.589×10^{9}~1.419×10^{10}	3.148	1.572
19	400	250	8	0.20	94.251	5.083	89.7~97.2	5.732×10^{9}	5.016×10^{8}	4.947×10^{9}~7.088×10^{9}	2.773	1.776
20	400	300	10	0	99.138	10.295	96.8~107.3	1.144×10^{10}	1.291×10^{9}	6.262×10^{9}~1.560×10^{10}	5.361	1.403
21	500	100	14	0.15	96.805	7.252	92.2~102.5	4.417×10^{9}	3.124×10^{8}	3.694×10^{9}~5.227×10^{9}	1.693	2.973
22	500	150	6	0.20	94.534	0.863	93.8~96.2	4.798×10^{9}	4.547×10^{8}	4.110×10^{9}~5.612×10^{9}	1.421	2.672
23	500	200	8	0	100.208	15.543	91.3~109.5	8.445×10^{9}	1.074×10^{9}	5.985×10^{9}~1.427×10^{10}	3.168	1.835
24	500	250	10	0.05	97.197	2.634	99.6~95.3	7.069×10^{9}	9.124×10^{8}	5.402×10^{9}~8.623×10^{9}	2.405	2.033
25	500	300	12	0.10	93.442	0.781	94.7~93.2	6.571×10^{9}	7.565×10^{8}	5.183×10^{9}~7.376×10^{9}	2.741	2.119

1. EWR

EWR 是通过使用分辨率为 0.001 g 的电子天平（BSM-220.4）测量重量差得到的，所有值在记录之前检测三次。为了得到更准确的结果，每次实验使用 25 个无差电极，加工时间是用秒表记录的。此外，还测量了加工前和加工后电极的直径。

2. 能量消耗

通过实时监控，采用能量检测装置（型号：ZH-194E-9SY）来获取能耗。测量了 25 组实验在电火花加工过程中的三相电流和电压，以计算一定时间内的能耗，并且所有实验都进行了三次。检测过程为先在三相电线上分别夹紧三个探头；然后实时检测 3 min 内电流和电压的变化，计算 3 min 内的能量变化；再计算上述值的均值和方差；最后，根据式（5.15）计算得出最终能耗。

3. 加工噪声

为排除其他设备工作噪声的干扰，在实验室其他设备全部关闭的情况下，采用声音检测计（型号：AR854）对精密电火花加工噪声进行在线监测与测量。由于加工噪声是一种波动信号，记录每个实验组的峰值噪声、峰谷噪声、平均噪声，可保证加工噪声的测量精度和可靠性。最后，噪声大小结果可以通过公式（7.1）和公式（7.2）计算出来。

4. 脉冲放电过程

对磁场辅助精密电火花加工和常规精密电火花加工下的脉冲放电过程和放电通道进行实验对比。本实验使用 PINTEK dp-150pro 高压差动探头检测放电脉冲状态。该探头的带宽为 500 MHz 以确保输入电压信号的保真度。采用 Tektronix DPO 30504 示波器来获取并存储精密电火花加工中产生的信号，其带宽为 100 MHZ，可记录采样点的长度为 5。采用高速数码相机（型号：Integrated Design Tools Inc.NX4-S3）拍摄常规精密电火花加工和磁场辅助精密电火花加工的脉冲放电照片，其拍摄速度为 5 000 f/s。然后提取脉冲放电照片的光点，利用 MATLAB 程序计算出每张照片对应的图像像素点，以此来判别脉冲放电过程中放电火花的强度。

5. 表面完整性

采用超景深三维显微镜检测试样的三维表面形貌，采用型号为 JEOL JSM-7600F 的 1 000 倍 SEM 观察试样的表面裂纹。

7.2.2　能耗

如 7.1 节所述，记录 SEC 值在 100 s 内的实时变化，计算其平均值、方差、极差，表 7.3 第 21 组和第 24 组参数下的 SEC 结果如图 7.2 所示。表 7.3 和图 7.2 展示了不同输入参数对精密电火花加工中 SEC 的影响。结果表明，随着磁场强度的增大，SEC 的均值和方差同时减小。这说明磁场的作用是有作用的，且其作用会随着磁场强度的增大而增强。在表 7.3 所示的磁场参数适当的情况下，SEC 的变化范围会缩小，即可以得到较小的 SEC 值。一方面，这可能是由于磁场可通过缩小放电通道、促进残渣排除等方式改善放电条件，产生更多的正常放电，降低放电电流和电压；另一方面，磁场有助于传递更多的能量用以蚀除材料，提高能量利用率。所以，与常规电火花加工相比，磁场辅助精密电火花加工可以降低能耗，节约能源。即在相同的放电参数下，磁场辅助电火花加工的 MRR 比常规电火花加工的 MRR 大，这意味着加工时间将大大减少，从而在一定程度上节约能源（Zhang et al.，2020）。

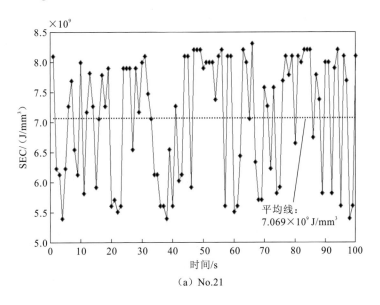

（a）No.21

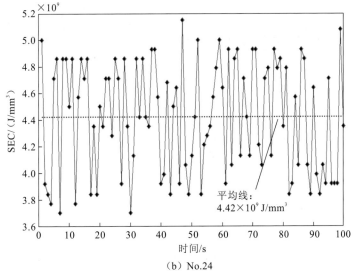

（b）No.24

图 7.2　第 21 组和第 24 组参数下的 SEC 在 100 s 内随时间变化

　　随着脉冲宽度的增大，SEC 的平均值和方差先增大，当脉冲宽度超过 400 μs 时，SEC 开始减小。这说明当脉冲宽度小于 400 μs 时，放电能量主要用于材料的蚀除，因此放电能量在 SEC 值中起主导作用；当脉冲宽度大于 400 μs 时，过强的放电能量导致 MRR 比放电能量高，即 SEC 逐渐减小。而脉冲间隔和放电电流对 SEC 的影响甚微。根据图 7.3 及以上分析的结果可以得出结论：脉冲宽度和磁场强度对 SEC 会产生主要影响。图 7.4 分析了脉冲宽度和磁感应强度对 SEC 的交互效应，结果表明当脉冲宽度的范围在 100～200 μs，磁感应强度的范围在 0.05～0.10 T 时可获得较小的 SEC。最后，利用广义回归分析得到 SEC 平均值与输入工艺参数之间的回归方程为

$$
\begin{aligned}
\text{SEC} = &-1.194\,09\times10^{10} + 7.390\,83\times10^{7}\times T_{\text{on}} + 3.189\,38\times10^{6}\times T_{\text{off}} + 2.035\,53\times10^{9}\times I \\
&-9.802\,25\times10^{10}\times M - 66\,475.4\times T_{\text{on}}^{2} - 2.660\,47\times10^{6}\times T_{\text{on}}\times I \\
&+8.379\,29\times10^{7}\times T_{\text{on}}\times M - 8.012\,66\times10^{7}\times I^{2} + 4.904\,62\times10^{9}\times I\times M
\end{aligned}
\tag{7.3}
$$

从图 7.5（a）可以看出，该回归模型的残差位于直线的两侧，这说明残差也符合高斯分布。该模型的 p 值为 0.000012（小于 0.01），说明该模型合理可靠。

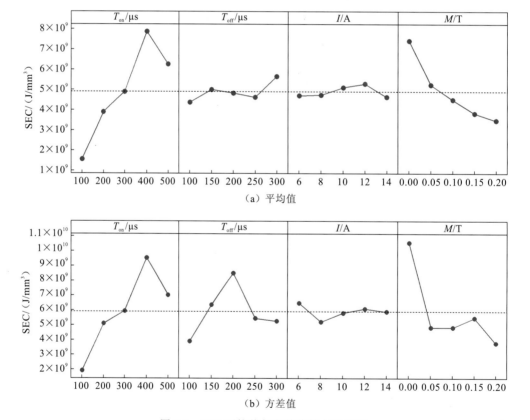

图 7.3　SEC 平均值与方差值的主效应图

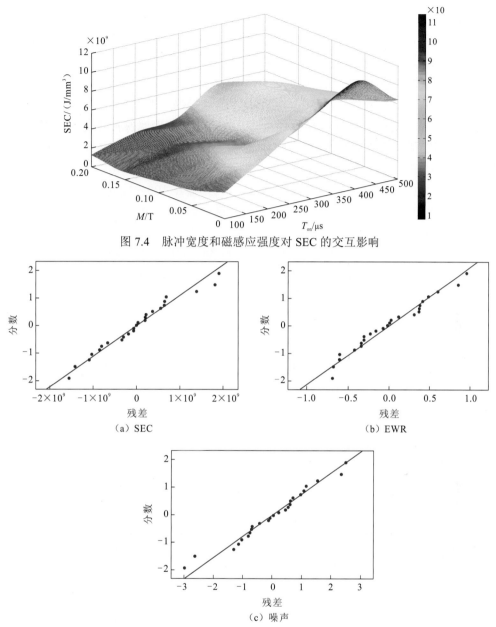

图 7.4　脉冲宽度和磁感应强度对 SEC 的交互影响

（a）SEC

（b）EWR

（c）噪声

图 7.5　SEC、EWR、噪声的回归方程残差图

7.2.3　环境影响

1. 电极磨损与碳排放

电极磨损产物（石墨）会流入电介质、残渣上，附着在工件表面，或者转化成二氧化碳，这些都会影响生活环境。从表 7.3 的实验结果和图 7.6 的主效应分析可以看出，磁场辅助精密电火花加工的 EWR 显著降低，说明磁场的应用可以显著降低电极磨损造成的

电介质污染和二氧化碳污染。主要原因可能是磁场可以改善等离子体通道的放电状态，促进材料残渣排除，避免了二次放电的发生，降低了放电去除热量，从而增加正常放电比，减少电极磨损。主效应分析表明电极损耗随脉冲宽度的增大而增大。当 T_{on} 大于 500 μs 时，EWR 减小。这主要是因为当 T_{on} 小于 500 μs 时，T_{on} 越大，放电能量越大，会发生更剧烈的放电蚀除过程，导致电极损耗越大；当脉冲宽度超过临界点（400 μs）时，更多的材料由于吸收更多的热量而直接气化，从而降低了放电爆发力和热蚀除过程对石墨电极的影响，导致电极损耗略有降低。从图 7.6 可以发现，电极损耗随脉冲间隔的增大而减小，而电流对电极损耗的影响不大。由于脉冲宽度和磁感应强度对 EWR 起到主导作用，进行了交互效应分析，如图 7.7 所示。从图中可以看出，当 T_{on} 在 100～150 μs 范围，磁感应强度在 0.05～0.1 T 范围时，能够得到最小的 EWR。建立平均 EWR 的回归方程作为进一步优化的数学模型：

$$\begin{aligned}
EWR = &-2.073\,26 + 0.031\,988\,6T_{on} - 0.000\,306\,239T_{off} + 0.082\,144\,4I \\
&-17.626\,3M - 4.225\,59\times10^{-5}\times T_{on}^{2} - 9.987\,78\times10^{-5}\times T_{on}\times I \\
&+0.000\,200\,842T_{on}\times M + 0.024\,909\,3T_{off}\times M + 16.382\times M^{2}
\end{aligned} \tag{7.4}$$

从图 7.5（b）可以看出，该回归模型的残差位于直线附近，且模型的 p 值为 0.000014（小于 0.01），说明该模型是合理可靠的。

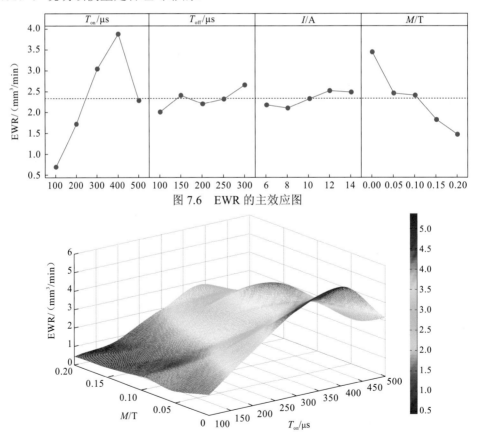

图 7.6 EWR 的主效应图

图 7.7 脉冲宽度和磁感应强度对 EWR 的交互影响

2. 加工噪声

消除噪声最有效的方法是去除有害噪声源。但当在某些情况下无法消除噪声源时，可用噪声较低的设备代替有较大噪声的设备，这是保护工人免受危险噪声影响的次要选择。因此，磁场辅助技术可以有效地降低电火花加工过程中产生的大部分加工噪声。100 s 以内的实时变化噪声值被记录下来用以计算其平均值、方差、极差以便进一步分析，部分统计图如图 7.8 所示。结果表明，适当的磁场参数会使 EWR 的范围缩小，从而获得更小、更均匀的噪声。从表 7.3 的结果和图 7.9 的主效应分析可知，加工噪声随着脉冲宽度的增大而逐渐增大，这主要是因为脉冲宽度越大，放电能量越大，异常放电比越高，这将产生更剧烈的放电过程，并产生更强烈的加工噪声。同时，随着脉冲间隔和电流的增大，加工噪声先增大后突然减小，这主要是因为放电参数较小时更适合精密电火花加工工艺，且随着脉冲间隔和电流参数的增大，会产生更多的放电，从而增加了加工噪声。但当脉冲间隔参数超过某一临界值时，放电能量随脉冲间隔的增大而减小，产生更稳定的放电；而电流参数超过临界点时，更多的材料被直接气化去除，从而减少了因材料腐蚀而引起的放电爆炸，这些都将降低加工噪声。在磁感应强度小于 0.1 T 时，随着磁场强度的增大，加工噪声变弱。在磁场强度达到临界点之前，短路、开路、电弧等异常放电的比例会随着磁场强度的增大而减小，而这些异常放电产生的噪声较大，因此磁场可在一定程度上降低噪声。一旦磁场强度超过临界点，加工噪声会随着磁场强度的增大而逐渐增大。这主要是由于过大的磁场强度会使放电能量集中在工件表面的局部区域上，导致该局部加工表面产生损伤，并形成较大噪声。由于脉冲宽度与磁场强度对加工噪声的影响显著，也对其交互作用进行了分析。从图 7.10 可以看出，当脉冲宽度的范围为 150～200 μs，磁感应强度为 0.05～0.15 T 时，加工噪声将会较小，对操作者而言是可接受的。根据广义回归分析，建立平均噪声值的回归方程：

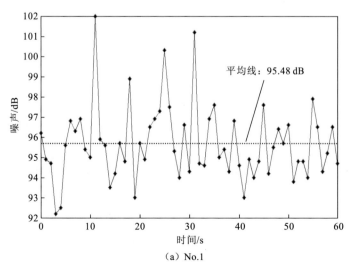

（a）No.1

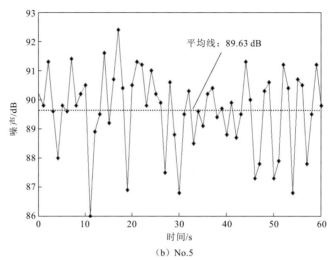

（b）No.5

图 7.8　100 s 内噪声随时间变化

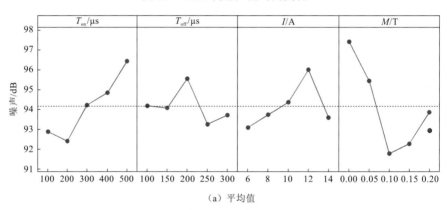

（a）平均值

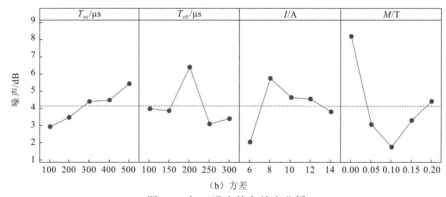

（b）方差

图 7.9　加工噪声的主效应分析

$$
\begin{aligned}
\text{Noise} = {} & 33.356\,3 + 0.085\,676\,1T_{\text{on}} + 0.049\,057\,9T_{\text{off}} + 12.534\,6I - 454.173M \\
& + 0.000\,323\,795T_{\text{on}} \times T_{\text{off}} - 0.018\,783\,6T_{\text{on}} \times I + 0.490\,169T_{\text{on}} \times M \\
& + 0.000\,151\,751T_{\text{off}}^2 - 0.022\,349\,2T_{\text{off}} \times I - 0.195\,094I^2 + 26.526\,6I \times M
\end{aligned} \tag{7.5}
$$

该模型的 p 值为 0.000 175（小于 0.01），图 7.5（c）也表明该模型适用于进一步的多目标优化。

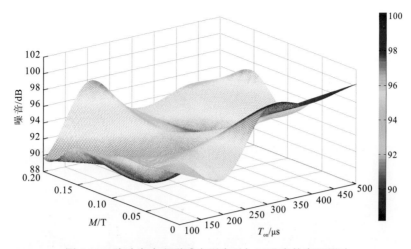

图 7.10　脉冲宽度和磁感应强度对加工噪声的交互影响

7.2.4　放电波形与表面完整性

1. 放电波形

精密电火花加工性能的提高将降低加工噪声和碳排放，对环境保护有积极的影响。放电状态是反映加工性能及其稳定性的重要指标。而电弧、过渡电弧放电脉冲甚至短路等异常放电状态的产生将会导致加工噪声强烈、能耗大。图 7.11 为相同放电能量（电流 6 A，脉冲宽度 100 μs，脉冲间隔 100 μs）下，磁场辅助精密电火花加工与常规电火花加工的放电电压波形。通过对比它们的放电波形[图 7.11（a）和（b）]可以发现，在精密电火花加工上施加磁场后，可降低异常放电的比例，显著改善放电波形。利用高速数码相机（Integrated Design Tools Inc.NX4-S3）拍摄了两种不同电火花加工下的脉冲放电图像，如图 7.12 所示，可以发现，在相同的加工条件下，磁场辅助电火花精密加工中的脉冲放电[图 7.12（a）和（b）]部分放电火花被排出的烟雾覆盖比常规电火花加工[图 7.12（c）]

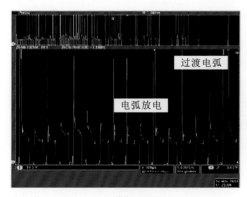

过渡电弧

电弧放电

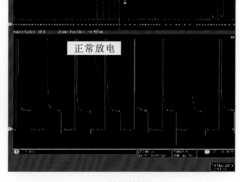

正常放电

（a）常规EDM　　　　　　　　　　　　　　　（b）磁场辅助EDM

图 7.11　加工过程中的放电电压波形

更加稳定和均匀，并且蚀除热能也更加集中。图 7.12（c）显示的放电火花仅位于工件电极边缘，图 7.12（d）中出现了大量的电弧放电，导致工件局部区域产生过热，导致煤油电介质的燃烧，加剧了有害气体的排放。其中电流 6 A，脉冲宽度 100 μs，脉冲间隔 100 μs，电压 45 V。上述结果也表明磁场在一定程度上可以显著提高作用在工件上的放电能量，证明了磁场可以稳定等离子体通道，降低异常放电现象的比例，提高能量利用效率，有利于环境保护。

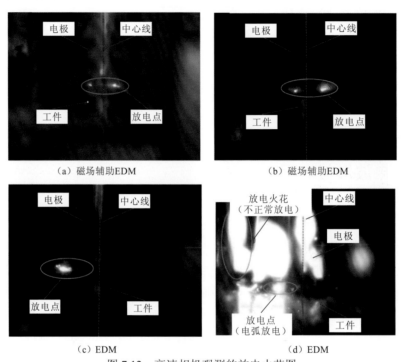

（a）磁场辅助EDM　　　　　　　　　（b）磁场辅助EDM

（c）EDM　　　　　　　　　（d）EDM

图 7.12　高速相机观测的放电火花图

2. 表面完整性

在相同的加工条件下，测量了使用常规电火花加工和磁场辅助精密电火花加工时工件的表面完整性，如图 7.13 所示，其中磁场辅助精密电火花加工的表面完整性明显优于

（a）无磁场　　　　　　　　　（b）0.1 T磁场

图 7.13　有无磁场下的加工表面完整性

常规电火花加工。磁场辅助精密电火花加工的表面产生更少的表面裂纹、微孔洞和材料残渣。在脉冲宽度 400 μs，电流 8 A 和磁感应强度 0.1 T 的参数下，磁场辅助电火花可实现最大减小表面裂纹密度。与常规电火花加工相比，磁场辅助精密电火花加工的放电残渣和裂纹直径较小，说明外加磁场辅助精密电火花有助于等离子体通道的束缚和放电能量的集中，从而降低了残渣在加工表面形成重铸层的可能性。

7.2.5　多工艺参数优化

本小节选取最小的 SEC 值、EWR 值和噪声值作为优化目标，采用 6.2 节所提出的改进 NNIA 算法来求解多目标优化问题。在这个优化过程中，初始种群为 100，迭代次数为 500 次，非支配解的数量为 50。

基于 M-NNIA 优化算法得到的三目标 Pareto 前沿解如图 7.14 所示。优化后的结果：最小 SEC 为 3.25×10^8 J/mm^3，最小 EWR 为 0.366 mm^3/min，最小噪声为 70.145 dB。与优化前的实验结果相比，SEC、EWR 和噪声的最优解分别下降了 61.43%、18.30%、20.95%。为了平衡能源消耗和环境保护两种指标，对 SEC、EWR、噪声同时取最优值的结果进行折中选择（SEC 为 3.11×10^9 J/mm^3，EWR 为 1.932 mm^3/min，噪声为 93.285 dB）。在相同的 SEC 数值（3.11×10^9 J/mm^3）下，得到优化后的最优解 EWR 为 0.7071 mm^3/min，噪声为 77.046 dB，明显小于原始实验结果（EWR 为 1.932 mm^3/min，噪声为 93.285 dB）。表 7.5 列出了所有解的 20 组 Pareto 最优解，其中所有组 Pareto 最优解都兼顾了低能耗和环境保护的因素。

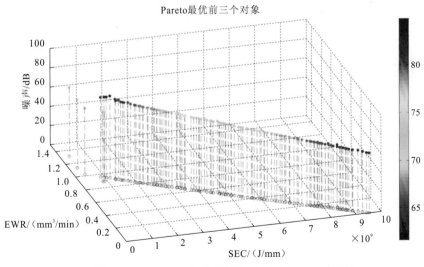

图 7.14　M-NNIA 优化算法的三目标 Pareto 前沿解

表 7.5 M-NNIA 算法优化的三目标 Pareto 解

序号	优化参数				M-NNIA 优化结果		
	T_{on}/μs	T_{off}/μs	I/A	M/T	噪声（平均）/dB	SEC（平均）/（J/mm³）	EWR/（mm³/min）
1	420.406	122.394	8.516	0.065	79.048	2.23×10^9	0.805
2	465.467	255.813	8.038	0.027	78.926	2.26×10^9	0.800
3	473.604	563.407	13.138	0.262	78.676	2.38×10^9	0.787
4	284.935	344.088	12.682	0.257	78.577	2.41×10^9	0.784
5	260.110	677.476	12.939	0.035	78.318	2.52×10^9	0.770
6	299.346	639.112	8.876	0.130	78.376	2.52×10^9	0.771
7	167.596	683.450	13.211	0.044	78.143	2.59×10^9	0.761
8	450.787	523.566	7.160	0.287	78.089	2.61×10^9	0.759
9	175.582	208.327	11.673	0.099	77.917	2.68×10^9	0.750
10	212.558	573.746	12.220	0.241	77.893	2.70×10^9	0.749
11	218.070	469.616	10.963	0.150	77.732	2.78×10^9	0.740
12	200.434	482.615	10.318	0.269	77.580	2.83×10^9	0.734
13	187.470	535.546	11.484	0.083	77.492	2.88×10^9	0.730
14	473.747	524.143	12.953	0.028	77.284	2.95×10^9	0.719
15	188.699	111.888	11.458	0.015	77.162	3.00×10^9	0.714
16	263.818	324.907	5.826	0.257	77.046	3.06×10^9	0.707
17	278.865	725.242	5.169	0.153	76.817	3.16×10^9	0.696
18	130.387	628.453	8.633	0.216	76.854	3.17×10^9	0.696
19	271.937	414.606	11.202	0.231	76.533	3.32×10^9	0.680
20	131.270	176.788	9.306	0.045	76.399	3.35×10^9	0.683

　　从上面的分析可知，M-NNIA 算法可以实现很好的优化结果。开展了相关验证性实验来验证最小 SEC 值、EWR 值、噪声值，结果如表 7.6 所示，其中序号中的数字为表 7.4 中对应序号的参数。从表中可以看出实验和预测数据之间的平均相对误差低于 15%，这不仅意味着 M-NNIA 算法的多目标预测精度很高，也证明了获得的工艺参数组合最优解是可靠和准确的。

表 7.6　验证性实验结果

序号	实验结果			M-NNIA 优化结果			相对误差/%		
	噪声（平均）/dB	SEC（平均）/（J/mm³）	EWR/（mm³/min）	噪声（平均）/dB	SEC（平均）/（J/mm³）	EWR/（mm³/min）	噪声（平均）/dB	SEC（平均）/（J/mm³）	EWR/（mm³/min）
21	81.158（最小）	6.85	0.417	70.145（最小）	5.98×10^9	0.379	15.7	14.7	10.1
22	81.741	0.368（最小）	1.004	70.406	3.25×10^8（最小）	1.131	16.1	13.3	11.2
23	81.319	5.179	0.369	70.528	6.10×10^9	0.366（最小）	15.3	15.1	9.7
1	90.036	2.518	0.875	79.048	2.23×10^9	0.805	13.9	12.9	8.7
5	89.752	2.877	0.844	78.318	2.52×10^9	0.770	14.6	14.2	9.6
16	87.216	2.671	0.645	77.046	3.06×10^9	0.707	13.2	12.7	8.8

考虑到精密电火花线切割加工工艺的可持续性，若该机床每天运行 8 h，每年 260 个工作日，代入磁场辅助精密电火花加工和参数优化后的 SEC 最大降低幅值，可以计算得出每年的节省工作时间为 802.256 h。因此，在电流 10 A，电压 220 V 工作条件下计算得出每年总节能为 1 764.963 kW·h。以 0.095 美元/（kW·h）的电能价格计算，一个小型机械加工企业（配备 6 台电火花加工机）每年可节省电能为 1 002.642 美元。从减少碳排放的角度来看，基于世界研究所/世界可持续发展商业协会和温室气体协议可知，一台精密电火花机每年所使用的电能计算二氧化碳排放总量为 23.57 t。这意味着当磁场辅助精密电火花加工降低能耗达 61.43% 时，可减少 9.09 t 的二氧化碳排放。在中国 74.4% 的电力是由煤炭产生的，使用这种方法在理论上可以节约煤炭资源，减轻环境污染。因此，将磁场辅助技术应用于精密电火花加工不仅可以产生显著的经济效益和环境保护，也可以满足可持续制造的要求。

7.3　新型微裂纹电极丝的可持续制造实验研究

一般来说，精密电火花线切割加工中的电极丝材料需要具有良好的导电性、导热性、高熔点、经济性等特点。铜是实际制造业中应用最广泛的精密电火花线切割电极材料。国内外学者在电极材料对电火花线切割加工性能的影响方面开展了大量的研究。目前，广泛应用于精密电火花线切割加工的电极材料是黄铜丝、钼丝和钨丝。另外，由于涂覆材料的特殊性，涂覆电极丝也是一种受欢迎的电极。目前多数针对电极丝材料的相关研究主要集中在铜化合物或涂层电极上，在一定程度上提高了性能，扩展了精密电火花线切割加工的应用。但通过改变电极表面形貌来提高精密电火花线切割加工性能的研究还很少，而这也是进一步提高其加工性能和可持续制造的方法之一。

7.3.1　微裂纹电极丝的制备

本小节将简要介绍微裂纹电极丝制备的连铸、涂层、快速退火、塑性过程等生产工艺。

（1）连铸。采用铜锌合金作为铸造电极丝丝芯的基材，在铸造过程中向基材中加入磷（P）、镁（Mg）、锰（Mn）等微量元素。浇注温度在 950～1250℃ 范围。该铜锌合金铜和锌元素的质量分数分别为 58%～65% 和 35%，相为 α 相。

（2）涂层。在电极丝丝芯上喷涂一层纳米锌粉，并将涂层后的电极丝丝芯置于高温炉中。根据金属溶解理论，纳米锌粉可以渗透到电极丝丝芯中。该铜锌合金镀层中锌的质量分数约为 70%，相为 γ 相。

（3）快速退火。退火温度设置为 700～750℃，退火时间为 1～5 s。退火后，由于电极丝丝芯材料的热膨胀系数高于涂层材料的热膨胀系数，将会在电极丝材料表面形成拉应力，在材料内部形成压应力。

（4）塑性过程。由于电极丝内部特殊的应力分布，在塑性过程后将会在电极丝表面产生不均匀的表面组织即微裂纹。

微裂纹电极丝的显微图如图 7.15 所示，放大倍数分别为 500 和 2 000。从图中可以看出，微裂纹电极丝表面微观组织由随机分布的微裂纹和微凹坑组成。其中微裂纹宽度为 0.1～1 μm，长度为 3～5 μm。

（a）500倍　　　　　　　　　　　　　　（b）2 000倍

图 7.15　微裂纹电极丝的显微图

从表面上看，电极丝表面的微观结构降低了电极丝的机械强度，提高了电极丝断裂的可能性。但拉伸实验的结果表明，当电极丝的直径为 0.25 mm 时，微裂纹电极丝的抗拉强度为 310 MPa，明显高于黄铜丝的 280 MPa 和镀锌铜丝的 230 MPa。在实际加工中也并未发现微裂纹电极丝的异常断裂问题，上述现象的原因主要在于微裂纹电极丝内的微量元素和制备过程的退火处理。

7.3.2　微裂纹电极丝对加工效果的提高机制

微裂纹电极丝能够提高精密电火花线切割加工的加工效果，如图 7.16 所示，这主要有以下三个原因。

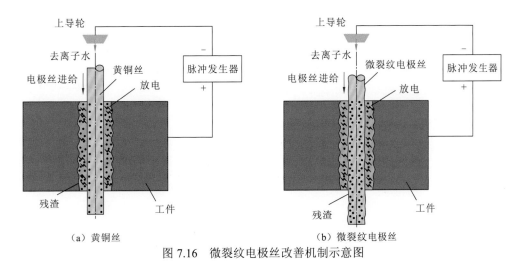

图 7.16　微裂纹电极丝改善机制示意图

（1）电极丝表面微裂纹结构的存在，会促进加工过程中出现更多的正常放电，改善放电间隙条件，并有助于提高有效蚀除能量用于蚀除工件材料，提高加工效率和加工质量。

（2）微裂纹电极丝的非光滑表面将会在加工过程中附着更多的材料蚀除残渣，会促进加工过程中电极丝与工件之间产生材料残渣的去除，减少电弧放电、过渡电弧放电甚至短路等异常放电状态，从而实现更好的加工效果。

（3）微裂纹电极丝对精密电火花线切割加工连续脉冲放电点的分布也有积极影响。在电火花线切割过程中，由于放电条件不稳定，黄铜丝电极放电点分布不均匀会导致应力分布不均匀，损害加工效果。微裂纹电极丝不规则的表面特征不仅使电极丝与工件之间的距离更容易位于放电间隙范围内，而且还可以通过促进残渣排除来保证放电间隙的清洁性，使放电点分布更加均匀。

7.3.3　工件材料及实验设计

Inconel 718 被选为本次实验加工的材料，其元素组成和材料特性在第 5 章已有列出，此处不再赘述。同时所采用的实验设备和机床相关设置条件也与之前一样。选取对加工效果有显著影响的脉冲宽度、脉冲间隔、电极丝速度、水压等加工参数来进行实验。分别用黄铜丝和微裂纹电极丝进行了 16 组田口实验。实验参数及其水平如表 7.7 所示。

表 7.7　加工参数及其水平

加工参数	水平	单位
脉冲宽度	7、10、13、16	μs
脉冲间隔	8、12、16、20	μs
水压	7、9、11、13	0.1 MPa
电极丝速度	0.09、0.14、0.19、0.24	m/s

表 7.8 显示了采用两种不同电极丝加工时获得的 MRR。

表 7.8　两种不同电极丝加工的实验结果

序号	$T_{on}/\mu s$	$T_{off}/\mu s$	$W_S/$ (m/s)	$W_A/$ (0.1 kgf)	MRR/（mm²/s）（黄铜丝）	MRR/（mm²/s）（微裂纹电极丝）
1	7	8	0.09	7	0.195	0.256
2	7	12	0.14	9	0.145	0.205
3	7	16	0.19	11	0.081	0.118
4	7	20	0.24	13	0.058	0.070
5	10	8	0.14	11	0.233	0.356
6	10	12	0.09	13	0.251	0.300
7	10	16	0.24	7	0.184	0.309
8	10	20	0.19	9	0.134	0.254
9	13	8	0.19	13	0.31	0.321
10	13	12	0.24	11	0.294	0.356
11	13	16	0.09	9	0.255	0.341
12	13	20	0.14	7	0.216	0.265
13	16	8	0.24	9	0.344	0.363
14	16	12	0.19	7	0.332	0.430
15	16	16	0.14	13	0.314	0.398
16	16	20	0.09	11	0.301	0.331

7.3.4　MRR 与能耗

根据表 7.8 的实验结果，计算两种电极丝加工过程 SEC。如图 7.17 所示，可以发现，在相同加工参数下，微裂纹电极丝相比黄铜丝获得了更小的 SEC 和更大的 MRR。表 7.9 中 MRR1 和 SEC1 分别为黄铜丝加工的 MRR 和能耗，MRR2 和 SEC2 分别为微裂纹电极丝加工的 MRR 和能耗。由表 7.8 的结果可知，使用微裂纹电极丝时，SEC 平均减少率为 22.68%，MRR 的平均增大率为 32.602%。这意味着微裂纹电极丝在加工时会产生较小的能源消耗，这可能归因于微裂纹电极丝可以促进残渣排除、更均匀的放电点分布和更有效的放电能量（提高能源利用率）。

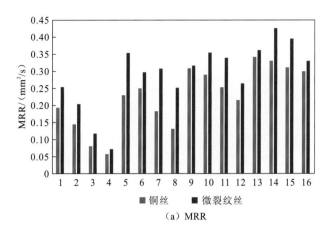

（a）MRR

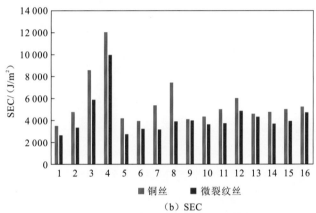

（b）SEC

图 7.17　不同电极丝加工的 MRR 和 SEC

表 7.9　不同电极丝加工的 **MRR** 与 **SEC** 对比

序号	MRR			SEC		
	MRR1/（mm²/s）	MRR2/（mm²/s）	提高率/%	SEC1/（J/m²）	SEC2/（J/m²）	减少率/%
1	0.195	0.256	31.282	3 589.74	2 734.38	23.83
2	0.145	0.205	41.379	4 827.59	3 414.63	29.27
3	0.081	0.118	45.679	8 641.98	5 932.20	31.36
4	0.058	0.070	20.690	12 068.97	10 000.00	17.14
5	0.233	0.356	52.790	4 291.85	2 808.99	34.55
6	0.251	0.300	19.522	3 984.06	3 333.33	16.33
7	0.184	0.309	67.935	5 434.78	3 236.25	40.45
8	0.134	0.254	89.552	7 462.69	3 937.01	47.24
9	0.310	0.321	35.484	4 193.55	4 049.84	3.43
10	0.294	0.356	21.088	4 421.77	3 651.69	17.42
11	0.255	0.341	33.725	5 098.04	3 812.32	25.22

序号	MRR			SEC		
	MRR1/（mm²/s）	MRR2/（mm²/s）	提高率/%	SEC1/（J/m²）	SEC2/（J/m²）	减少率/%
12	0.216	0.265	22.685	6 018.52	4 905.66	18.49
13	0.344	0.363	5.523	4 651.16	4 407.71	5.23
14	0.332	0.430	29.518	4 819.28	3 720.93	22.79
15	0.314	0.398	26.752	5 095.54	4 020.10	21.11
16	0.301	0.331	9.967	5 315.61	4 833.84	9.06

从表 7.9 可以看出，与黄铜丝相比，应用微裂纹电极丝具有显著优势，SEC 平均降低 22.68%，最大降低 47.24%。对于正常工作的精密电火花线切割机床，每天工作 8 h，每年工作 260 天，采用其最大减少幅值时，每年总节省时间成本可达 982.592 h。能耗总量每年可以节省 2 161.702 kW·h（电流 10 A、电压 220 V）。对于配备 6 台精密电火花线切割机床的小型机械加工企业，以 0.095 美元/（kW·h）的电能价格，每年可节省电能成本 1 232.17 美元。

7.3.5　残渣污染物

在精密电火花线切割加工中，残渣污染物对自然环境的影响以及对健康（皮肤、呼吸和消化系统）的潜在有害影响是不可忽视的。精密电火花线切割加工过程中产生的残渣主要由镍、钴、铬、钒离子等重金属组成，具体成分取决于样品材料。大多数材料残渣将被冲到介电流体中，这些残渣产物将形成气溶胶，可能被冲到蚀除区域，增加机器操作环境周围的有害物质比例。这些形成的气溶胶会对呼吸道和消化系统疾病的免疫力产生负面影响。有些材料残渣会直接进入空气，是操作者产生皮肤刺激的主要原因。如 7.3.2 小节分析，更多的材料残渣会附着在微裂纹电极丝表面并被带走，这表明微裂纹电极丝在减少材料蚀除残渣对空气和气溶胶的污染方面具有积极作用。

参 考 文 献

陈志, 2017. 电火花线切割加工工件形位误差的形成机理研究及抑制方法[D]. 武汉: 华中科技大学.

明五一, 2014. 精密线切割电加工建模仿真与工艺优化研究[D]. 武汉: 华中科技大学.

袁屹杰, 2006. 低能 C_(36)团簇金刚石表面纳米薄膜沉积机理的研究[D]. 哈尔滨: 哈尔滨工业大学.

张邦维, 胡望宇, 舒小林, 2003. 嵌入原子方法理论及其在材料科学中的应用[M]. 长沙: 湖南大学出版社.

张妍宁, 2008. 金属熔体原子间相互作用势及其微观不均匀性[D]. 济南: 山东大学.

张臻, 2016. 难加工材料精密电火花线切割工艺及表面质量优化研究[D]. 武汉: 华中科技大学.

周济, 2015. 智能制造: "中国制造 2025" 的主攻方向[J]. 中国机械工程, 26(17): 2273-2284.

ALLEN M P, TILDESLEY D J, 1987. Computer simulation of liquids[M]. Oxford: Oxford University Press.

CHEN Z, HUANG Y, HUANG H, et al., 2015. Three-dimensional characteristics analysis of the wire-tool vibration considering spatial temperature field and electromagnetic field in WEDM[J]. International Journal of Machine Tools and Manufacture, 92: 85-96.

DARYL, DIBITONTO D D, PHILIP T, et al., 1989. Theoretical models of the electrical discharge machining process I: A simple cathode erosion model[J]. Journal of Applied Physics, 66 (9): 4095-4095.

DAUW D F, BELTRAMI I, 1994. High-precision wire-EDM by online wire positioning control[J]. CIRP Annals: Manufacturing Technology, 43(1): 193-197.

DWIVEDI V, STRIKIS G V, GINDER J M, et al., 2002. Magnetic powder clutch[P]. 2002-5-28.

GONG M, HOU T, FU B, et al., 2011. A non-dominated neighbor immune algorithm for community detection in networks[C]. The 13th Annual Conference On Genetic and Evolutionary Computation, DBLP: 1627-1634.

HO K H, NEWMAN S T, RAHIMIFARD S, et al., 2004. State of the art in wire electrical discharge machining (WEDM)[J]. International Journal of Machine Tools and Manufacture, 44(12/13): 1247-1259.

JOSHI S N, PANDE S S, 2009. Development of an intelligent process model for EDM[J]. The International Journal of Advanced Manufacturing Technology, 45(3/4): 300-317.

KANSAL H K, SINGH S, KUMAR P S, 2008. Numerical simulation of powder mixed electric discharge machining (PMEDM) using finite element method[J]. Mathematical and Computer Modelling, 47(11/12): 1217-1237.

LEE H T, TAI T Y, 2003. Relationship between EDM parameters and surface crack formation[J]. Journal of Materials Processing Technology, 142(3): 676-683.

LUO Y F, 1999. Rupture failure and mechanical strength of the electrode wire used in wire EDM[J]. Journal of Materials Processing Technology, 94(2): 208-215.

MASTUD S A, KOTHARI N S, SINGH R K, et al., 2015. Modeling debris motion in vibration assisted reverse micro electrical discharge machining process (R-MEDM)[J]. Journal of Microelectromechanical

Systems, 24(3): 661-676.

MING W Y, ZHANG G J, LI H, et al., 2014. A hybrid process model for EDM based on finite-element method and Gaussian process regression[J]. The International Journal of Advanced Manufacturing Technology, 74(9/12): 1197-1211.

PURI A B, BHATTACHARYYA B, 2003. Modelling and analysis of the wire-tool vibration in wire-cut EDM[J]. Journal of Materials Processing Technology, 141(3): 295-301.

SCHÄFER C, URBASSEK H M, ZHIGILEI L V, et al., 2002. Pressure-transmitting boundary conditions for molecular-dynamics simulations[J]. Computational Materials Science, 24(4): 421-429.

SHAHRI H R F, RAMEZANALI M, MEHDI A, et al., 2017. A comparative investigation on temperature distribution in electric discharge machining process through analytical, numerical and experimental methods[J]. International Journal of Machine Tools and Manufacture, 114: 35-53.

SINGH H, 2012. Experimental study of distribution of energy during EDM process forutilization in thermal models[J]. International Journal of Heat and Mass Transfer, 55(19/20): 5053-5064.

SUN Y, GONG Y D, 2017. Experimental study on the microelectrodes fabrication using low speed wire electrical discharge turning (LS-WEDT) combined with multiple cutting strategy[J]. Journal of Materials Processing Technology, 250: 121-131.

ZHANG Y, LIU Y, JI R, et al., 2011. Study of the recast layer of a surface machined by sinking electrical discharge machining using water-in-oil emulsion as dielectric[J]. Applied Surface Science, 257(14): 5989-5997.

ZHANG Y M, ZHANG Z, ZHANG G J, et al., 2020. Reduction of energy consumption and thermal deformation in WEDM by magnetic field assisted technology[J]. International Journal of Precision Engineering and Manufacturing-Green Technology, 7(2): 391-404.